Olfa Bouzaiane

Typage moléculaire des staphylocoques durant le cycle de compostage

Olfa Bouzaiane

Typage moléculaire des staphylocoques durant le cycle de compostage

Et étude de la biomasse microbienne dans un sol amendé de compost des ordures ménagères

Presses Académiques Francophones

Impressum / Mentions légales
Bibliografische Information der Deutschen Nationalbibliothek: Die Deutsche
Nationalbibliothek verzeichnet diese Publikation in der Deutschen
Nationalbibliografie; detaillierte bibliografische Daten sind im Internet über
http://dnb.d-nb.de abrufbar.

Information bibliographique publiée par la Deutsche Nationalbibliothek: La
Deutsche Nationalbibliothek inscrit cette publication à la Deutsche
Nationalbibliografie; des données bibliographiques détaillées sont
disponibles sur internet à l'adresse http://dnb.d-nb.de.

Coverbild / Photo de couverture: www.ingimage.com

Verlag / Editeur:
Presses Académiques Francophones
ist ein Imprint der / est une marque déposée de
OmniScriptum GmbH & Co. KG
Bahnhofstraße 28, 66111 Saarbrücken, Deutschland / Allemagne
Email: info@omniscriptum.com

Herstellung: siehe letzte Seite /
Impression: voir la dernière page
ISBN: 978-3-8381-7337-5

TABLE DES MATIERES

Chapitre IV

INTRODUCTION

Actuellement et à l'échelle mondiale, les moyens de traitement des ordures ménagères se développent essentiellement autour de trois axes qui sont l'incinération, la mise en décharge et le compostage. Une condition primordiale pour trancher entre ces types d'élimination et de recyclage des ordures ménagères est leur composition. En effet, la fraction organique fermentescible des ordures ménagères tunisiennes (de l'ordre de 60%) et les forts taux d'humidité (aux alentours de 65%) font du compostage le processus le plus approprié pour remédier aux quantités inexorables de déchets produits en Tunisie (0,6 kg / habitant / jour en moyenne).

Le compostage des déchets urbains organiques est un phénomène essentiellement microbiologique. En effet, il s'agit d'une fermentation aérobie des déchets organiques faisant intervenir de nombreuses microorganismes (comme les bactéries, les levures, les champignons,...) dans des conditions contrôlées. Cette transformation biologique de matériaux biodégradables donne après maturation, un compost stable et riche en humus. Cette stabilisation de déchets organiques se caractérise par une succession de phases mésophile, thermophile et de refroidissement conditionnée par la présence d'une large diversité microbienne active. La fluctuation de la température dans les andains de fermentation aérobie, durant le processus du compostage, joue un rôle sélectif conditionnant l'évolution et la succession des populations microbiennes dans le déchet (Mustin, 1987). En effet, une température supérieure à 55°C favorise une hygénisation maximale (abattement des pathogènes) tandis qu'une température comprise entre 45 et 55°C favorise la biodégradation; alors qu'une température entre 35 et 40°C contribue à l'amélioration de la diversité microbienne. Cependant, il existe plusieurs microorganismes qui arrivent à échapper à l'effet de la température au cours du cycle du compostage (Hassen *et al.*, 2001). Parmi ces microorganismes, on cite les sporulants comme les champignons, les *Bacillus*, les actinomycètes et les *Clostridium* et les non sporulants comme les staphylocoques. Les staphylocoques se présentent comme des bactéries ubiquitaires et très répandues dans l'environnement. Les staphylocoques sont des pathogènes causant des infections nosocomiales associées avec des mécanismes de résistance multiples aux antibiotiques. Récemment, en plus de *Staphylococcus aureus*, bactérie à coagulase positive, les staphylocoques à coagulase négative sont aussi la cause des infections nosocomiales (Kloos et Bannerman, 1999). Ces staphylocoques à coagulase négative sont très fréquents dans le compost des ordures ménagères (Hassen *et al.*, 2001).

D'un autre coté, les sols tunisiens sont de plus en plus appauvris en matières organiques. En effet, les conditions naturelles (température, pH) et les pratiques agricoles agissent dans le sens de la minéralisation du stock organique du sol et afin d'améliorer sa rentabilité, on a recours essentiellement aux engrais chimiques sans restituer au sol son patrimoine organique. De plus, le fumier devient de plus en plus rare et coûteux. Ainsi, les déchets représentent un des problèmes majeurs de l'environnement. Le compostage est considéré donc comme une solution envisageable pour diminuer les quantités d'ordures ménagères et pour pallier les déficiences en matières organiques. Ainsi, pour combler le déficit en matières organiques des sols et pour améliorer ses propriétés biologiques, on aura recours à l'application du compost dans les sols de culture. L'apport du compost au sol améliore sa fertilité par modification de ces propriétés physico-chimiques et microbiologiques. Cependant, la stabilité, la qualité et la quantité du compost apporté jouent un rôle considérable sur l'évolution des teneurs en matières organiques, en métaux lourds et sur la taille de la biomasse microbienne du sol. Cette dernière est l'un des paramètres biologiques les plus sensibles mesurés dans le sol. Cette biomasse tend à changer dés que son environnement est perturbé. En effet, plusieurs

8

travaux montrent que la taille de la biomasse microbienne varie suite à (i) des changements de systèmes culturaux (Hu *et al.*, 1997); (ii) des fertilisations (Garcia *et al.*, 1997); (iii) des changements du pH après apport de produits organiques (Jedidi *et al.*, 2004) (iv) des pollutions multiples et variées (Hassen *et al.*, 1998) et (v) des effets de stress abiotique comme la sécheresse etc. (Garcia *et al.*, 1997);

La quantité du carbone d'azote, constituant la biomasse microbienne, peut être estimée par plusieurs méthodes: méthodes directes ou méthodes indirectes, ou encore par la méthode de fumigation-extraction en utilisant le chloroforme (FE) ou la fumigation-incubation (FI) (Jenkinson et Powlson 1976 a et b; Vance *et al*, 1987; Jedidi *et al.*, 2004).

L'estimation de la biomasse microbienne par FE est préconisée surtout dans les sols nus ou cultivés (Vong *et al.*, 1990; Ross, 1990) et les sols forestiers (Gallardo et Schlesinger, 1990), dans des conditions édaphiques caractérisées par l'alternance du cycle de dessiccation-humectation au laboratoire (Wu et Brookes 2005) et sous l'alternance des saisons en plein champ (Ross, 1990; Garcia *et al.*, 1994). Les méthodes moléculaires, comme la quantification de l'ADN, ont été proposées comme méthodes alternatives pour la mesure de la biomasse microbienne dans les sols cultivés (Marstorp *et al.*, 2000) et dans les sols forestiers humiques (Leckie *et al.*, 2004).

Les objectifs principaux de ce travail sont de:

- (i) suivre la diversité et la dynamique des staphylocoques durant le cycle de compostage, (ii) d'identifier par des techniques moléculaires des espèces du genre de *Staphylococcus* isolées durant le cycle de compostage;

- (i) suivre en plein champ l'effet des apports du compost sur la biomasse microbienne de deux parcelles nue et cultivée durant trois années consécutives; (ii) de montrer si la biomasse microbienne peut servir comme indicateur environnemental après l'application du compost des ordures ménagères (à court terme) et enfin (iii) de comparer deux méthodes d'estimation de la biomasse microbienne à savoir la méthode de fumigation-extraction et la méthode de quantification de l'ADN au niveau d'un sol cultivé.

1. Le compostage

La production des déchets urbains a tendance d'augmenter proportionnellement au développement de la vie urbaine durant les années futures. En parallèle, les teneurs en matières organiques dans les sols cultivés diminuent par l'effet de cultures intensives de plus en plus fréquentes. Le compostage des déchets urbains organiques est un phénomène essentiellement microbiologique. En effet, il s'agit d'une fermentation aérobie des déchets organiques faisant intervenir de nombreux microorganismes (comme les bactéries, les levures, les champignons,…) dans des conditions contrôlées.

Ainsi, le recours à l'utilisation des déchets organiques compostés comme amendement du sol est considéré comme une nouvelle alternative à l'incinération et ou à la mise en décharge.

Le recyclage des déchets organiques dans le domaine de l'agriculture après un traitement biologique approprié constitue une ressource d'approvisionnement en matières organiques et être de grand intérêt dans les pays ayant des sols pauvres en humus (Hassen *et al.*, 1998).

D'une manière générale, un apport de compost a pour effet d'améliorer la structure du sol et d'augmenter sa rétention en eau, sa porosité et sa teneur en éléments nutritifs nécessaire à la croissance des plantes. L'activité microbiologique se trouve ainsi stimulée (Jedidi *et al.*, 2004).

Depuis des années, d'autres propriétés du compost ont été mises en évidence; ainsi ces dernières années il s'est révélé que l'amendement des sols par le compost a pour effet de limiter le développement de diverses maladies des plantes dues à des pathogènes telluriques et on parle d'effet suppressif de phytopathogènes (Houot, 2000). Les travaux de recherches dans ce domaine ont montré que le compost renferme des agents de lutte biologique comme les *Bacillus spp,* les *Enterobacter spp,* et les *Pénicillium spp* (Chung et Hoitink, 1990).

1. 1. La charge microbienne du compost

Plusieurs facteurs de nature bio-physico-chimiques contribuent dans la détermination des populations microbiennes durant le processus du compostage. Ainsi, sous les conditions aérobies, la température est le facteur le plus important qui détermine le type de microorganismes, la diversité des espèces et les diverses activités métaboliques.

1. 1. 1. Evolution de la température durant le compostage des déchets urbains

En général, le compostage aérobie peut être divisé en trois grandes phases selon la dominance de la température ambiante et la flore microbienne associée.

1. 1. 1. 1. Phase mésophile

Pendant cette phase, les microorganismes mésophiles et psychrophiles sévissant dans les déchets se développent et dominent.
Ce développement microbien entraîne une croissance notable de la température pouvant atteindre 40 à 50°C après 25 jours. On assiste pendant cette période essentiellement à l'attaque des composés organiques facilement métabolisables comme les glucides, les acides aminés et les lipides (Alberti, 1984; Mustin, 1987).

1. 1. 1. 2. Phase thermophile

La décomposition aérobie entraîne une élévation de la température dans le tas des déchets; ce qui a pour effet de favoriser l'activité des microorganismes thermotolérants et thermophiles. Durant cette phase, la température peut atteindre 65°C, favorisant la destruction des pathogènes. Cette activité des thermotolérants et des thermophiles est maintenue dans l'andain sous condition d'une bonne aération par retournement et une bonne humidité par arrosage de la masse des déchets à composter. Cette phase est généralement assez lente et dure environ sept semaines. Elle constitue l'étape ultime du cycle de compostage (Mustin, 1987).

1. 1. 1. 3. Phase de refroidissement

La température commence à baisser à partir de la 12ème semaine. Cette diminution résulte de l'épuisement du stock de substrats organiques et la température chute sensiblement vers 30 et 40°C favorisant ainsi la diversité des microorganismes mésophiles (Stentiford, 1996).

1. 1. 2. Evolution des paramètres microbiologiques du compost

Différentes variétés de microorganismes mésophiles, thermotolérants et thermophiles (bactéries, actinomycètes, levures, champignons) sont généralement rapportées au cours du cycle de compostage (Amner *et al.*, 1988; Nakazaki *et al.*, 1985). Ainsi la phase thermophile se présente comme une phase de stérilisation ou d'hygiénisation qui se caractérise par un changement notable de la population microbienne (Hassen *et al.*, 2001) et une décomposition rapide et efficace du stock organique qui fait que les températures ne doivent pas dépasser 55 ou 60°C (Suler et Finstein, 1977).

1. 1. 2. 1. Les bactéries mésophiles

L'activité microbienne durant le démarrage du cycle de fermentation aérobie du compostage est principalement assurée et mesurée par les bactéries mésophiles hétérotrophes. Le nombre de ces bactéries chute pendant la phase thermophile et augmente sensiblement pendant la phase de refroidissement (Hassen *et al.*, 2001).

1. 1. 2. 2. Les champignons et les levures

Ces microorganismes se présentent comme les opérateurs microbiens du cycle de fermentation et tout le monde accorde plus d'attention à ces microorganismes en tant que saprophytes ou pathogènes durant le compostage. Les champignons développent des formes de résistance telles que les sclérotes et les spores pour assurer leur longévité dans le sol. Cependant, ils sont incapables de supporter la montée et la haute température dans le compost (Beffa *et al.*, 1994).

D'autres facteurs peuvent éliminer les champignons et leurs propagules durant le compostage comme l'antibiotisme, l'antagonisme microbien et l'acidité qui est le facteur environnemental majeur exerçant un effet important sur les champignons. L'augmentation de leur nombre est expliquée par l'alcalinisation du milieu (pH = 8-8,5) à la fin du cycle de compostage (Hassen *et al.*, 2001).

1. 1. 2. 3. Les actinomycètes

Les actinomycètes comme les champignons sont très bien connues par leur capacité de produire divers enzymes et antibiotiques, ainsi que leur capacité de dégrader les molécules complexes comme les mannoses et les xylènes du lignocellulose, les celluloses et les lignines. D'où ces microorganismes jouent un rôle très important dans le processus du compostage (Crawford, 1988). L'évolution des actinomycètes durant le cycle de compostage dépend des conditions d'aérobiose, de la température ambiante et des teneurs en eau dans la masse des déchets (Lacey, 1997).

1. 1. 2. 4. Les bactéries thermophiles

Les bactéries thermophiles sont très actives à des températures de 50 à 60°C et même supérieures à 60°C; le processus de la décomposition de la matière organique est très efficace par ces microorganismes (Fujio et Kume, 1991). Strom (1985) a isolé uniquement *Bacillus steurothermophiylus* à des températures supérieures à 65°C au cours d'un cycle de compostage.

1. 1. 2. 5. Les spores microbiennes

Certains microorganismes montrent une forme de résistance aux agressions extérieures et aux conditions de stress par la formation des spores de résistance. Le nombre de spores augmente progressivement avec l'avancement du cycle de compostage et une baisse sensible de leur nombre est généralement enregistrée à la fin du cycle; cette baisse s'explique par la germination et la multiplication des bactéries sporulant, comme le genre *Bacillus*, durant la phase de refroidissement (Hassen *et al.*, 2001).

1. 1. 2. 6. Les coliformes et les streptocoques fécaux

Les coliformes et les streptocoques fécaux sont considérés comme des indicateurs typiques de la pollution fécale. Les coliformes fécaux regroupent quatre genres des bactéries entériques: *E. coli*, *Klebsiella*, *Entrerobacter* et *Citrobacter*. Les streptocoques fécaux sont plus résistants aux facteurs environnementaux comparés aux coliformes et ils sont représentés essentiellement par *Streptococcus faecalis*. Leur nombre a tendance à diminuer au cours du processus de fermentation sous l'effet de l'élévation de la température pendant la phase thermophile et une légère reprise de leur nombre est souvent enregistrée pendant la phase de refroidissement. Cette reprise pourrait être attribuée à une ré-contamination durant l'opération de retournement des andains de déchets (Hassen *et al.*, 2001).

1. 1. 2. 7. Salmonella-Shigella

Ces bactéries sont considérées comme le problème de la qualité hygénique du compost (Hay, 1996). Ceci est probablement lié au fait que ce genre est ubiquitaire et a la faculté de croître très rapidement. L'Agence de Protection de l'Environnement aux Etats Unis (US-EPA) impose pour les salmonelles un taux inférieur à 3 NPP par 4 g de matières sèches de compost et ou de boues résiduaires (Hay, 1996).

Hassen *et al.* (2001) confirment que les Salmonelles disparaissent dés le 25ème jour du cycle de compostage des ordures ménagères quand la température atteint 60°C et ne réapparaissent pas dans le compost. Déportes (1997) et Gaby (1975) n'ont pas trouvé ou isolé les *Shigelles* à partir de différents andains de déchets urbains durant le cycle de fermentation aérobie. Ce résultat montre une élimination et/ou une inactivation rapide de ces bactéries ou leur absence totale des déchets urbains.

1. 2. Les staphylocoques

Le genre *Staphylococcus* est le genre le plus répandu et ubiquitaire dans l'environnement. Les staphylocoques sont des pathogènes nosocomiaux associés à de multiples mécanismes de résistance. Depuis plusieurs années, *Staphylococcus aureus* est l'unique espèce reconnue comme pathogène pour l'homme. Cependant, ces dernières années, il s'est avéré que les staphylocoques à coagulase négative peuvent également être la cause d'infections nosocomiales (Kloos et Bannerman, 1999).

Staphylococcus saprophyticus est la cause d'infection opportuniste du tractus urinaire femelle (Marrie *et al.*, 1982). *Staphylococcus haemolyticus* est l'espèce la plus fréquente qui cause la myocardite, le septicémie, péritonite (John *et al.*, 1978). Les espèces *Staphylococcus hominis, S. warneri, S. capitis, S. simulans, S. cohnii , S. xylosus, S. saccharophyticus* peuvent être associées à diverses infections (Martin *et al.*, 1989; Westblom *et al.*, 1990; Kamath *et al.*, 1992). Les staphylocoques non aureus sont les plus fréquentes dans le compost des ordures ménagères (Hassen *et al.*, 2001). L'émergence des staphylocoques à coagulase négative, pathogènes pour l'homme et réservoirs de la résistance aux antibiotiques, nécessite une rapide et réelle identification pour prédire une potentielle pathogénicité ou susceptibilité d'antibiotique pour ces staphylocoques (Kloos et Bannerman 1999; Lina *et al.*, 2000). Pour cela plusieurs auteurs ont mis au point plusieurs méthodes d'identification.

1. 2. 1. Méthode ARDRA

Après extraction de l'ADN génomique, une amplification PCR est réalisée avec des amorces universelles, correspondant à des motifs nucléotidiques conservés de séquences d'ADNr 16S de bactéries. Ainsi, la diversité des séquences amplifiées reflétera la diversité initiale de la population bactérienne dans l'échantillon. Cette diversité peut être évaluée en digérant ces fragments par des enzymes de restriction destinées à les couper au niveau des séquences nucléotidiques particuliers. Notons que la position de ces sites de coupure ne sera pas identique pour tous les fragments. Après analyse des produits de digestion sur gel de polyacrylamide, les profils de restriction obtenus avec l'ADN extrait des bactéries seront comparés (Figure 1).

1. 2. 2. Méthode ITS-PCR

Chez les procaryotes, le locus génétique de l'ARN ribosomique contient les gènes 16S, 23S et 5S. Cet opéron ribosomique se trouve en plusieurs copies dans le génome bactérien. Ces gènes sont séparés par des espaces inter-géniques ayant une haute variabilité de séquences et de taille au sein du genre et de l'espèce (Gürtler et Stanisich 1996). La diversité de l'espace inter-génique est due, en une partie, à la variation du nombre et de type de séquence de l'ARN de transfert trouvé dans ces espaces (Figure 2). Chez le genre *Staphylococcus*, il y'a plusieurs copies de l'opéron ribosomique. Gürtler et Barrie (1995) ont caractérisé la séquence de l'espace inter-génique de *Staphylococcus aureus* et ils ont identifié 9 opérons ribosomiques caractérisés par des espaces inter-génique varient entre 303 et 551pb. Forsman *et al.* (1997) ont également séquencé l'espace 16S-23S de 5 espèces de staphylocoques (*S. aureus*, *S. epidermidis*, *S. hyicus*, *S. simulans* et *S. xylosus*). La nature polymorphique de la séquence inter-génique 16S-23S peut être analysé par PCR en utilisant des amorces synthétiques conservées et adjacentes aux gènes 16S-23S. Cette méthode, originalement décrite par Barry *et al.* (1991), est connue sous le nom d'ITS-PCR.

L'analyse de ces produits ITS-PCR a permis d'expliquer la complexité des profils et de détecter deux types de bandes: des bandes à migration normale, correspondant à des structures en homoduplexes et des bandes à migration différentielle qui correspondent à des structures en hétéroduplexes.

Les homoduplexes permettent de dénombrer les différents types des ITS 16S-23S. Les hétéroduplexes sont les produits des hybridations croisées entre les simples brins des homoduplexes et reflètent les différences de taille et de séquence entre les différents ITS 16S-23S du chromosome de la cellule bactérienne. En électrophorèse, les hétéroduplexes présentent une mobilité réduite. Cette réduction de mobilité est influencée par la quantité de l'ADN simple brin, présent dans la structure en hétéroduplexe et le degré de la structure secondaire formé dans ces régions à ADN simple brin (Jensen et Straus, 1993). L'identification des staphylocoques par la méthode ITS-PCR a été utilisée par Jensen *et al.* (1993), qui ont utilisé cette technique avec succès pour différencier entre 4 espèces de staphylocoques à savoir *S. aureus*, *S. epidermidis*, *S. saprophyticus* et *S. warneri.* D'autres auteurs ont testé cette méthode pour l'identification des staphylocoques isolés de différentes origines (Mendoza *et al.*, 1998).

1. 2. 3. Méthode PFGE

De larges fragments sont générés en digérant l'ADN avec des enzymes de restriction à sites rares. Ces fragments sont séparés grâce à des changements répétés dans l'orientation d'un champ électrique. La méthode est reproductible et présente un bon pouvoir discriminatoire; tous les microorganismes peuvent être typés; cette méthode est relativement complexe et coûteuse. Pour les staphylocoques à faible taux de GC (30-39%), une enzyme de restriction des séquences riche en GC est souvent utilisée. Ainsi, la digestion du génome des staphylocoques à coagulase-négative par l'enzyme *Sma*I a révélé 15 à 20 fragments de 10 à 700 kb (Witter *et al.*, 1993).

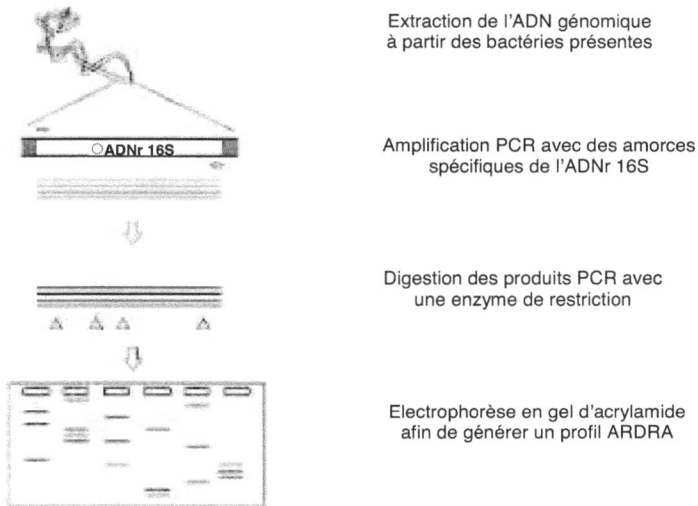

Extraction de l'ADN génomique
à partir des bactéries présentes

Amplification PCR avec des amorces
spécifiques de l'ADNr 16S

Digestion des produits PCR avec
une enzyme de restriction

Electrophorèse en gel d'acrylamide
afin de générer un profil ARDRA

Figure 1. Principe de la technique ARDRA

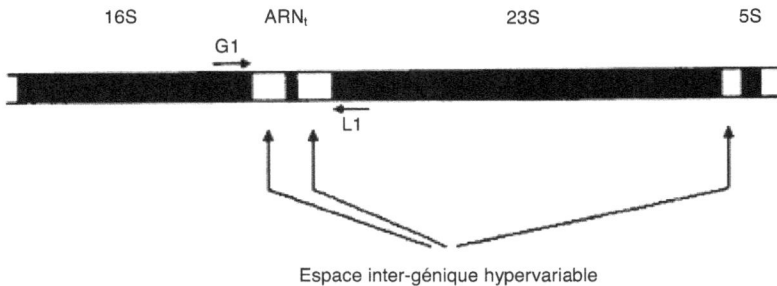

Espace inter-génique hypervariable

Figure 2. Opéron ribosomique montrant les sites approximatifs d'amorces pour l'amplification PCR de l'espace inter-génique 16S- 23S.

19

2. Biomasse microbienne des sols

2. 1. Rôle de la biomasse microbienne dans les sols

Les microorganismes composant la biomasse microbienne, affectent les processus de l'écosystème associés avec le cycle des éléments nutritifs comme le carbone, l'azote, le soufre, le phosphore, la fertilité des sols et la matière organique apportée au sol. La biomasse microbienne intervient dans le cycle du carbone via les processus d'humification-minéralisation de la matière organique. Cette biomasse présente aussi un rôle déterminant dans le cycle de l'azote où on assiste à des transformations de la matière organique en éléments minéraux (Shen *et al.*, 1989).

La biomasse microbienne représente en moyenne 1 à 3% du carbone total et de 0,5 à 15% d'azote total du sol. Ces valeurs changent selon le type du sol étudié (Anderson et Domsh, 1980).

2. 1. 1. Effet sur le pH

Par leurs actions sur les composés minéraux ou organiques, les microorganismes peuvent modifier le pH du sol de façon ponctuelle ou au contraire d'une manière telle que les conséquences peuvent en être importantes pour l'ensemble de l'écosystème. Les microorganismes influent sur le pH du sol par l'intermédiaire de ses produits du métabolisme qui peuvent être acidifiant ou alcalinisant.

L'acidification du milieu peut être due à l'oxydation biologique de l'ammoniaque (NH_4^+) en nitrates (NO_3^-) avec libération des ions H^+. Mais cette réaction n'est que passagère car ces nitrates sont eux-mêmes très rapidement absorbés par les plantes, réduits par la microflore dénitrifiante ou encore entraînés par le lessivage. La réaction de sulfo-oxydation induit aussi une acidification par réduction de soufre.

D'un autre coté, certains champignons parasites ont un pouvoir acidifiant très élevé: *Sclerotium rolfsii* ou *Sclerotinia minor*, par exemple, synthétisent de l'acide oxalique qui, outre son effet toxique sur la plante hôte, a pour effet de réduire le pH à une valeur favorable à l'action de leurs hydrolases (Bateman et Beer, 1965).

Cependant, l'hydrolyse des protéines et des composés organiques azotés en général (l'urée par exemple) conduit à la formation d'ammoniaque qui a pour effet d'élever le pH du sol. C'est ainsi qu'un apport d'urée peut augmenter le pH localement jusqu'à 8 ou 9.

L'alcalinisation la plus importante est due à la réaction de l'ammonification qui est favorisée par l'apport des amendements à faible rapport C/N.

2. 1. 2. Effet sur la structure du sol

Des travaux récents ont rappelé que les microorganismes interviennent dans les caractéristiques structurales des sols (Chantigny *et al.*, 1997). La qualité de la structure d'un sol dépendait de la stabilité de ses agrégats. Cette stabilité résulte elle-même, pour une large partie, de l'activité des microorganismes.

2. 1. 2. 1. Liaisons d'origine microbienne: L'enveloppe recouvrant les bactéries est constituée de glycoprotéines et polysaccharides. Ces polymères jouent un rôle important dans la constitution des micro-agrégats. Lynch (1981) a montré que le degré d'agrégation d'un sol augmente proportionnellement avec la quantité de cellules apportées. Un marquage du glucose au ^{14}C permet de montrer que les composés responsables de l'accroissement du taux d'agrégats stables sont essentiellement des chaînes de polysaccharides néo-synthétisées par les microorganismes (Guckert *et al.*, 1975). Enfin, les observations au microscope électronique ont montré que les particules élémentaires d'argiles s'attachent à la surface muqueuse des hyphes et des colonies bactériennes (Tisdall, 1991).

2. 1. 2. 2. Rôle des hyphes mycéliens: Les observations en microscopie optique et électronique ont montré que les grains élémentaires du sol peuvent être enserrés par les hyphes mycéliens comme dans un véritable filet. Gupta et Germida (1988) ont constaté une relation nette entre les agrégats et la biomasse fongique. Cependant, il apparaît que l'essentiel des pelotons mycéliens, qui assurent la cohésion des macro-agrégats issus des symbiotes endo-mycorhizogènes. Ce qui expliquerait que les macro-agrégats seraient plus abondants à proximité des racines que dans le reste du sol. En effet la structure d'un sol enherbé en permanence est généralement supérieure à celle d'un sol cultivé (alternativement couvert et nu) qui, lui-même, contient davantage de macro-agrégats qu'un sol maintenu en jachère (Tisdall, 1991).

2. 1. 3. Effet sur les cycles minéraux

Les communautés microbiennes jouent un rôle capital dans la dégradation de la matière organique. Elles assurent le renouvellement de l'approvisionnement de la plupart des ions minéraux du sol. Ces microorganismes emmagasinent, à leur profit, une partie des éléments minéraux, ce qui leur permet d'être en concurrence avec les plantes.

2. 1. 3. 1. Le cycle de l'azote

Un flux permanent d'azote atmosphérique vers le sol est fixé soit par les procaryotes libres ou symbiotiques. Toutefois, cette quantité d'azote peut être transformée en une matière organique indéfiniment recyclée. L'accumulation est évitée et l'équilibre rétabli dans les écosystèmes naturels, par l'action d'organismes dénitrifiants assurant le retour à l'état gazeux de l'azote nitrique en excès.

Cependant, dans les systèmes d'agriculture intensive où les apports d'engrais azotés s'ajoutent à la fixation naturelle, une partie seulement de la fumure azotée est utilisée par les cultures. Le reste, facilement entraîné par les eaux de pluie et d'irrigation, échappe aux organismes dénitrificateurs et contribue à la pollution des nappes phréatiques. A cette pollution diffuse, peut s'ajouter localement celle qui résulte de la nitrification des amendements organiques. On peut citer dans ce cycle: la fixation de l'azote atmosphérique, l'ammonification et la nitrification, constituant les deux étapes de la transformation de l'azote organique en azote soluble assimilable, et la dénitrification qui assure son retour à l'état gazeux (Davet, 1996).

2. 3. 1. 1. 1. *Fixation de l'azote atmosphérique:* La fixation de l'azote est catalysée par une enzyme appelée la nitrogénase. Chez *Klebsiella pneumoniae,* 20 gènes différents (gènes Nif) déterminent la structure et le fonctionnement de la nitrogénase. Une conservation des séquences de nucléotides des gènes de structure de cette enzyme a pu être mise en évidence chez toutes les espèces fixatrices étudiées (Eady *et al.*, 1988).

L'azote atmosphérique est réduit par la nitrogénase. Les microorganismes fixateurs d'azote se trouvent, soit à l'état libre dans le sol ou dans l'eau (fixateurs libres), soit associés de façon étroite à d'autres organismes: champignons ou végétaux chlorophylliens (fixateurs symbiotiques).

2. 3. 1. 1. 2. *Ammonification:* Un très grand nombre de bactéries et de champignons est capable de transformer l'azote de la matière organique en azote ammoniacal, aussi bien en conditions aérobies qu'en anaérobiose. Les protéines représentent la source principale d'azote, suivie par les sucres et les bases puriques et pyrimidiques des acides nucléiques.

L'attaque enzymatique de ces substrats est généralement facile par culture *in vitro* lorsqu'ils sont apportés sous forme purifiée. Mais dans la nature, ils sont le plus souvent liés à des molécules complexes (acides humiques et fulviques).

2. 3. 1. 1. 3. Nitrification: La nitrification est l'oxydation de l'ammonium (NH_4^+) en nitrate (NO_3^-) (Schmidt et Belser, 1994). C'est un processus essentiellement biologique dû à quelques groupes de bactéries spécialisées nitrifiantes chimio-autotrophes qui exécutent le processus en deux étapes: (i) Nitrosation: se fait en présence des bactéries nitreuses du type Nitrosomonas qui oxydent l'azote ammoniacal en nitrite. Cette étape pourrait se faire par d'autres microorganismes hétérotrophes: $NH_4^+ + 3/2\ O_2^- \rightarrow NO_2^- + H_2O + 2H^+$

(ii) Nitratation: se fait grâce à un autre groupe de bactéries nitriques du type Nitrobacter qui oxydent le nitrite en nitrate: $NO_2^- + \frac{1}{2}\ O_2^- \rightarrow NO_3^-$

L'azote ammoniacal soluble ou facilement échangeable du sol est plus ou moins rapidement transformé en azote nitrique. En effet, cet azote nitrique contrairement à l'azote ammoniacal, n'est pas retenu par le complexe absorbant. Une grande quantité de nitrates en excès risque d'être entraînée en profondeur par les pluies. Pour éviter ces pertes, plusieurs inhibiteurs pouvant ralentir l'action des bactéries nitrifiantes ont été étudiés.

2. 3. 1. 1. 4. Dénitrification: Lorsque la teneur en oxygène de l'atmosphère du sol devient insuffisante pour qu'il puisse remplir son rôle d'accepteurs d'électrons par le processus microbien, les nitrates sont réduits à l'état gazeux (oxyde nitreux et azote moléculaire) qui constitue une perte d'azote. La réaction de nitrification est la suivante:

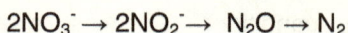

$2NO_3^- \rightarrow 2NO_2^- \rightarrow N_2O \rightarrow N_2$

La dénitrification peut alors être considérée comme un phénomène régulateur permettant d'éviter une pollution excessive du sous-sol

2. 1. 3. 2. Le cycle du carbone

Le carbone de la matière organique transformée par l'activité microbienne peut suivre trois voies différentes: il peut être rejeté dans l'atmosphère sous formes de dioxyde de carbone ou de méthane, ou assimilé et transformé en biomasse, ou encore incorporé dans les substances humiques.

2. 2. Facteurs influençant l'évolution de la biomasse microbienne
2. 2. 1. La température

La température exerce une influence primordiale sur la composition et l'activité de la biomasse microbienne. Ceci est démontré par l'étude des variations journalières de l'activité respiratoire du sol.

2. 2. 2. Humidité

L'activité microbienne dans le sol est étroitement corrélée avec la teneur en eau du sol. En effet, à un taux faible d'humidité du sol, cette activité est faible et croit avec sa teneur en eau; son maximum se situe au voisinage de 60% de la capacité au champ.

2. 2. 3. pH

Le pH du sol est reconnu comme étant un facteur déterminant qui gouverne la transformation de la matière organique par les microorganismes (Adams et Adams, 1983).

2. 2. 4. Les exsudats racinaires

Les racines des plantes sont une source essentielle d'énergie et de carbone pour l'hétérogénéité des microorganismes. Les études sur les exsudats racinaires des plantes, croissantes en solution nutritive, montrent la diversité matérielle qui est libérée par les racines et potentiellement sert comme substrat pour les microbes (Hae *et al.*, 1978).

2. 2. 5. Les amendements organiques
2. 2. 5. 1. Les bienfaits de l'amendement du compost

L'amendement organique favorise l'activation des microorganismes autochtones qui stimulent indirectement le cycle bio-géo-chimique (Jedidi *et al.*, 2004; Ros *et al.*, 2006) dont ils fournissent les éléments minéraux (N, P et S) nécessaires pour la nutrition de la plante. Les amendements organiques augmentent les teneurs en matières organiques et influencent la structure des sols en modifiant ses propriétés physiques, chimiques et biologiques. En plus, la biodiversité des microorganismes peut être élevée (Peacock *et al.*, 2001) et peut réduire le développement des phytopathogènes par la stimulation des microorganismes antagonistes (Steinberg *et al.*, 2004; Perez *et al.*, 2006) réduisant ainsi l'utilisation potentielle des pesticides (Ros *et al.*, 2005). L'amendement du compost au sol est une pratique intéressante pour l'agriculture. L'addition de compost de bonne qualité peut augmenter la biomasse microbienne globale et l'activité enzymatique (Debosz *et al.*, 2002; Jedidi *et al.*, 2004). La matière organique a de multiples effets bénéfiques sur les qualités du sol. En effet, elle améliore la structure en stabilisant les agrégats, et protège les terres de l'érosion. Elle augmente aussi la capacité de rétention en eau du sol et sa capacité d'échanges cationiques, réduisant ainsi le lessivage et la pollution des nappes souterraines. De même, elle enrichie le sol en éléments nutritifs libérés progressivement et sert de support pour une vie microbienne intense et diversifiée (Davet, 1996). Les principales sources de matières organiques sont les résidus de culture, les engrais verts, le fumier et les composts. Il est important de connaître la composition et la nature de la matière organique apportée au sol car elles influencent énormément les équilibres microbiens du complexe sol.

2. 2. 5. 2. Pollution des sols après apport de compost

L'incorporation de compost dans les sols est envisagée de plus en plus dans les régions où les quantités de fumier ne sont pas suffisantes pour couvrir les besoins agricoles (Jedidi *et al.*, 2000). Cependant, ces formes d'utilisation agricole se heurtent encore à de très nombreuses contraintes, en rapport avec la protection de l'environnement, parmi ces contraintes: (i) Les risques de pollution par la présence de métaux lourds; (ii) Les risques de pollution par la présence de microorganismes pathogènes et (iii) les risques de pollution par les molécules toxiques.

Ces différentes pollutions peuvent toucher les nappes phréatiques (par percolation), les cours d'eaux (par ruissellement), les Hommes et les animaux (par contamination de végétaux ou d'eaux contaminées). Malgré les nombreuses recherches conduites sur l'éco- toxicologie des boues et des composts (Brookes *et al.*, 1984), le devenir des métaux lourds et des pathogènes non détruits dans les sols amendés par ces déchets urbains est encore ignoré. Toutefois, les quantités de métaux lourds ne doivent pas dépasser le seuil de destruction de la fertilité du sol ou de la chaîne alimentaire (Petruzzelli, 1996). C'est pourquoi le compost utilisé à des fins agronomiques doit répondre au moins à trois critères: être source d'éléments fertilisants assimilables (NPK), contenir des quantités faibles en métaux lourds et être exempts de microorganismes pathogènes.

2. 3. Techniques d'analyse de la biomasse microbienne du sol

La quantité du carbone et d'azote constituant la biomasse microbienne peut être estimée par plusieurs méthodes: méthodes directe via le dénombrement des microorganismes sur boîtes ou autre (Paul et Johnson, 1977), méthodes indirectes par le dosage des composés cellulaires (membranes, enveloppes, phospholipides, ATP) (Paul et Johnson, 1977), la mesure de l'activité respiratoire (Anderson et Domsh, 1978) ou par la méthode de fumigation-extraction par le chloroforme (FE) ou la fumigation-incubation (FI) (Jenkinson et Powlson 1976 a; Vance *et al.*, 1987; Tate *et al.*, 1988).

La méthode FI proposée par Jenkinson et Powlson, (1976 b) provoque la dénaturation de la membrane cellulaire des microorganismes du sol par le chloroforme. Cette technique nécessite un temps relativement long et elle n'est pas applicable dans certaines conditions par exemple pour un sol acide. En plus, il y a d'autres facteurs qui influencent l'efficacité de cette méthode tels que: (i) Les conditions d'incubation notamment le choix de l'échantillon et l'utilisation d'un sol frais ou pré-incubé (Jenkinson et Powlson, 1976 b); (ii) La détermination du flux de minéralisation; ceci par le choix du coefficient d'efficacité K_{ec} et K_{eN} de la minéralisation de la biomasse détruite (Jenkinson, 1988; Nicolardot et Chaussod, 1986). Plusieurs facteurs entrent en jeu dans la minéralisation comme la température d'incubation (Anderson et Domsh, 1978), l'âge des microorganismes, l'humidité du sol (Ross *et al.*, 1987), le rapport C/N ambiant dans le sol (Nicolardot et Chaussod, 1986) et le pH du sol (Vance *et al.*, 1987); (iii) La nature du sol et de la végétation (Vance *et al.*, 1987; Ross, 1990).

La méthode de la fumigation-extraction, mise au point par Brookes *et al.* (1985), permet de déterminer l'azote et le carbone de la biomasse microbienne. Cette technique est simple et rapide, de plus les résultats sont précis et fiables.

Les méthodes moléculaires, comme la quantification de l'ADN a été proposée comme méthode sûre de mesure de la biomasse microbienne (Marstorp *et al.*, 2000). Cette méthode a été comparée à la fumigation-extraction dans les sols minéraux (Marstorp *et al.*, 2000; Bailey *et al.*, 2002) et dans les sols forestiers et humiques (Leckie *et al.*, 2004). La haute purification de l'ADN du sol ou des sédiments est toujours obtenue avec la lyse directe et l'extraction de l'ADN non bactérien et de l'ADN extracellulaire (Steffan *et al.*, 1988). L'extraction directe de l'ADN totale est le résultat de la coextraction d'autres substances principalement les acides humiques ou autres substances interférant négativement avec l'extraction de l'ADN microbien (Steffan *et al.*, 1988; Steffan et Atlas, 1988; Trevors *et al.*, 1992).

MATERIEL ET METHODES

1. Description de l'unité pilote de compostage de Béja

Le processus de compostage a été entrepris dans la station de compostage des ordures ménagères de Béja. Cette station a été créé dans le cadre du projet de coopération entre l'Allemagne (GTZ) et la Tunisie (ANPE), est conçue pour étudier, à l'échelle pilote, les conditions optimales du fonctionnement du processus de compostage des rejets urbains du gouvernorat de Béja. Cette unité de compostage a une capacité de traitement de 1000 tonnes/an (Ferchichi, 2002). Les déchets urbains utilisés sont collectés de diverses cités de la ville de Béja. A leur entrée dans la station de compostage, les ordures ménagères sont mises en andains sans aucun traitement préalable: c'est l'étape de digestion qui dure environ 2 mois. Par la suite, les ordures ménagères subissent un traitement physique qui consiste en un tri manuel afin d'enlever les éléments grossiers, un broyage et un criblage par un tamis d'une maille de 40 mm pour diminuer l'hétérogénéité de la masse de déchets. Puis, la matière organique fermentescible, issue de ces traitements, est remise en andains : c'est l'étape de maturation qui dure environ 3 mois. Le produit obtenu est criblé avec des mailles plus fines de 10 mm. En conséquence, le procédé de compostage dans cette station est le résultat de deux étapes de traitement: une étape de pré fermentation ou digestion et une étape de fermentation maturation.

Au cours de cette expérimentation, nous avons réalisé un tas ou andain ayant des dimensions de $(3,0 \times 2,5 \times 1,5)$ m^3 (longueur x largeur x hauteur), et correspondent à une masse approximative de 6 tonnes de déchets. Un suivi quotidien de la température est réalisé à l'aide d'un thermocouple à compost (iron-constantan type J). Neuf mesures sont effectuées dont trois à mi-hauteur du tas de déchets, trois à 30 cm du bas et trois à 30 cm du haut du tas. La température de l'andain est la valeur moyenne des températures de différents points de mesure. Lorsque la température dépasse 65°C, l'andain est retourné et arrosé. Les retournements permettent d'homogénéiser progressivement les déchets hétérogènes au départ et l'arrosage permet de maintenir une humidité élevée aux alentours de 50%, indispensable pour une bonne activité biologique de dégradation.

Il est à noter également qu'un apport de déchets verts et de sciures de bois est ajouter vers le 62ème jour afin d'amplifier l'activité microbienne de la deuxième phase en leur procurant un rapport C/N adéquat.

1. 1. Echantillonnage

L'hétérogénéité des résidus urbains constitue une difficulté majeure pour réaliser un échantillonnage représentatif et reproductible. Au moment du retournement des andains, un échantillon de 5 kg est prélevé à partir de différents points du tas selon la méthode de galette décrite par Gillet (1986). Ce même échantillon est brassé pour prélever trois exemplaires réduits dont le poids de chacun étant de 1kg. Le premier échantillon est congelé dans le but de fournir une collection d'échantillons, le deuxième est destiné aux analyses physico-chimiques et enfin le troisième servira à des analyses microbiologiques.

L'opération de compostage a été suivie du mois de juin jusqu'au mois d'octobre 2003. Les dates de prélèvement des échantillons étant le 09 juin (5ème jour), le 24 juin (20ème jour), 08 juillet (34ème jour), 22 juillet (48ème jour), 05 août (62ème jour), 19 août (76ème jour), 02 septembre (90ème jour), 23 septembre (111ème jour), 07 octobre (125ème jour) et 21 octobre 2003 (139ème jour).

1. 2. Méthodes d'analyses des paramètres physico-chimiques

Chaque analyse des échantillons de compost a été effectuée en trois exemplaires.

1. 2. 1. pH

Le pH est mesuré à partir d'une suspension de 5g de compost dans 45 ml d'eau distillée. La suspension préparée est agitée mécaniquement (Agitateur Edmund Buhler KL2m, Uhr 1-120m) pendant une heure à 300 rpm.

1. 2. 2. Détermination de l'humidité

L'humidité représente, en pourcentage, la proportion d'eau libre présente dans une certaine masse de compost. Pour chaque échantillon fraîchement prélevé, une pesée de 10g est mise à sécher à l'étuve à 105°C pendant 24 heures.

Par la suite, le taux d'humidité est calculé selon la relation suivante:

$$H\ (\%)\ =\ \frac{PF\ -\ PS}{PF}$$

Avec

PF: Poids de l'échantillon frais; PS: Poids de l'échantillon sec après séchage à l'étuve (105°C).

1. 2. 3. Détermination de la matière organique totale (MOT)

Dans un échantillon de compost séché, la perte au feu représente grossièrement la masse de matières organiques ayant disparue par combustion et pyrolyse. Le taux de MOT est déterminé par la méthode de calcination à 550°C durant 2 heures. Ce taux est calculé selon la formule suivante: $MOT(\%) = \dfrac{Résidu\ sec\ à\ 105°C - Résidu\ sec\ à\ 550°C}{Résidu\ sec\ à\ 105°C} \times 100$

1. 3. Dénombrement des clostridium sulfito-réducteurs

Le dénombrement des clostridium sulfito-réducteurs se fait par culture sur gélose viande-foie, Diagnostics Pasteur (base viande foie 30g, glucose 2g, amidon 2g, agar 11g, eau distillée 100 ml), qui est un milieu type pour la recherche de ces germes (Marchal *et al.*, 1987). Une fois régénéré et additionné de solutions de sulfite de sodium et de citrate de fer ammoniacal, le milieu est incubé avec les dilutions (1, -1, -2) de la suspension sédimentaire. Ces dilutions sont préalablement soumises à un chauffage à 80°C pendant 10 min pour détruire les formes végétatives des bactéries et ne laisser que les spores susceptibles d'être revivifiées. La revivification des *Clostridium*, réalisée par incubation de 18h à 37°C, permet la mise en évidence de la réduction des sulfites; et ce grâce à la présence de sulfite de sodium et du sel de fer. L'activité réductrice du composé soufré se traduit par un dégagement d'hydrogène sulfuré (H_2S). Du fait de la présence du sel de fer, la production de H_2S est révélée par la formation de sulfure métallique de couleur noire. Les colonies de *Clostridium* sont nettement noires et leur taille varie selon l'espèce. Après une première lecture, l'incubation est poursuivie jusqu'à 24h et éventuellement à 48h. Les colonies présentant une grande taille, de 3 à 5 mm de diamètre, après les premières 18h, peuvent se développer encore et elles correspondent à l'espèce *Clostridium perfringens.*

Les colonies obtenues sont dénombrées et le nombre est rapporté à la dilution correspondante. La valeur moyenne de trois dilutions correspond au nombre de *Clostridium* / ml de la suspension de compost qui sera convertie, par la suite, en nombre de bactéries / g MS de compost.

Il est important de signaler que ces différentes analyses microbiologiques sont réalisées en 3 ou en 4 répitions afin d'obtenir un résultat moyen représentatif.

2. Dénombrement des pathogènes : Cas des staphylocoques

2. 1. Isolement des staphylocoques

L'isolement des staphylocoques est réalisé sur milieu Baird Parker (Pasteur) après une incubation de 24 à 36 heures à 37°C.

2. 2. Caractérisation phénotypique

Cent souches de staphylocoques ont été isolées durant le cycle de compostage des ordures ménagères sur milieu Baird Parker.

La diversité phénotypique des staphylocoques isolées est déterminée comme suit: Une coloration de Gram, la morphologie des colonies, l'activité enzymatique (réduction des nitrates, alcaline phosphatase, arginine dihydrolase, uréase, l'activité catalase), et le test coagulase dans le milieu à coagulase mannitol additionné de plasma de lapin (Diagnostic Pasteur, Paris). La production d'acide à partir des carbohydrates et d'autres activités enzymatiques avec Api Staph (bioMérieux, Marcy l'Etoiles, France) a été déterminée.

2. 3. Caractérisation moléculaire des staphylocoques

La caractérisation moléculaire est déterminée par l'identification et la classification des souches de staphylocoques à l'aide des approches moléculaires: l'approche ARDRA, l'analyse des produits ITS-PCR et l'analyse en champ pulsé PFGE. En plus, deux souches de références ont été utilisées: *S. aureus* ATCC 25923 et *S. epidermidis* CCM 2124 dans cette caractérisation moléculaire et phénotypique.

2. 3. 1. Extraction de l'ADN

La méthode d'extraction adoptée est celle développée initialement pour les mycobactéries (Blaiotta *et al.*, 2002).

2. 3. 2. Amplification par PCR

Les amplifications par PCR ont été effectuées dans un volume final allant de 20 à 60μl. Pour réussir l'amplification, une dilution de l'ADN de 1/10 à 1/50 est parfois nécessaire. La suspension d'ADN obtenue après PCR est analysée par électrophorèse sur gel d'agarose 1,5% pour PCR 16S ou 2,5% pour ITS-PCR 16-23S afin de vérifier son état et d'estimer sa taille et sa concentration en comparant les bandes avec celles du marqueur de taille (Jules ^{TM} – 100pb ladder Promega).

2. 3. 3. Investigations génotypiques
2. 3. 3. 1. Méthode ARDRA

L'amplification 16S-PCR est effectuée en utilisant les amorces synthétiques suivantes (Lagacé *et al.*, 2004): 16S-1492 R (5'-TACGG(CT)TACCTTGTTACGACTT-3') et 16S-27 F (5'-AGAGTTTGATC(AC)TGGCTCAG-3'). Les conditions de l'amplification du gène 16S sont mentionnées dans le Tableau 1.

Cinq endonucléases de restriction avec site de clivage spécifique ont été utilisés dans cette étude: *Alu*I (A G' C T); *Hae*III (G G' C C); *Taq*I (T C' G A); *Rsa*I (G T' A C); *Msp*I (C C' G G) (Promega). Une aliquote de 8-μl de produit de PCR, 1-μl de tampon, 0,25-μl de BSA et 1U de chaque enzyme sont combinés dans un tube de réaction et incubé pendant 12 h à 37 et à 65°C pour *Hae*III. Les milieux réactionnels utilisés lors de la technique ARDRA sont regroupés dans le Tableau 2. Les produits digérés sont ensuite migrés sur gel de polyacrylamide 6% dans le tampon TBE (89mM Tris, 89mM borate, 2mM EDTA). Les gels sont ensuite colorés par le bromure d'éthidium et photographiés.

Tableau 1. Conditions de l'amplification du gène 16S

Conditions d'amplification	Concentration stock	Concentration / réaction	Unité en µl / réaction
H_2O			36,05
Tampon	10X	1X	5,0
$MgCl_2$	25 mM	1 mM	5,0
dNTP	20 mM	0,1	0,25
Amorce 16S-27 F 5'-AGAGTTTGATC(AC)TGGCTCAG-3'	50 μM	0,25 μM	0,25
Amorce 16S- 1492 R 5'-TACGG(CT)TACCTTGTTACGACTT-3'	50 μM	0,25 μM	0,25
Taq DNA polymérase	5 U/µl	1U/µl	0,2
ADN			3,0
Volume final réactionnel			50

Tableau 2. Milieux réactionnels utilisés lors de la technique ARDRA

	Concentration / réaction	Unité en µl / réaction
ADN amplifié		8
Tampon	1 x	1
BSA		0,25
Enzyme	1 U/µl	0,75

2. 3. 3. 2. Méthode ITS-PCR

Cette méthode permet une détermination complète des espèces de staphylocoques recommandée par Mendoza *et al.* (1998). La méthode décrite par Mendoza *et al.* (1998) est modifiée comme suit: après une dénaturation initiale de 5 min à 94°C, 40 cycles d'amplification; chaque cycle comporte une dénaturation de 30 s à 94°C, une hybridation de 30 s à 45°C, et une élongation de 45 s à 72°C. Le dernier cycle est l'étape d'extension de 7 min à 72°C. L'ITS-PCR utilise les amorces synthétiques suivantes: ITS-FR (5'-CAAGGCATCCACCGT-3') et ITS-F (5'-GTCGTAACAAGGTAGCCGTA-3'). Les conditions de l'amplification des séquences inter-géniques transcrites (ITS-PCR 16-23S) sont mentionnées dans le Tableau 3. Les produits d'amplifications migrent par électrophorèse sur gel d'agarose standard de 1,5 ou 2,5% dans 0,5x du tampon TBE (89mM Tris, 89mM borate, 2mM EDTA) et sont colorés pendant 30 min dans 0,5 mg / litre de solution de bromure d'éthidium. La séparation des bandes est effectuée sur gel de polyacrylamide dans un tampon de 1X TBE pendant 10 à 14 h à 100 V. Après la migration, les gels sont colorés au bromure d'éthidium. Une migration sur gel d'agarose est nécessaire pour examiner les produits ITS-PCR de 120 isolats de staphylocoques. L'examen révèle que les profils ITS-PCR présentent une, deux ou trois bandes. L'utilisation d'une autre matrice telle que le gel de polyacrylamide à 6% augmente le pouvoir de séparation de ces bandes en plusieurs bandes appartenant aux conformations homo et hétéroduplexes.

Tableau 3. Conditions d'amplification de la séquence inter-génique transcrite 16S-23S

Conditions d'amplification	Concentration stock	Concentration / réaction	Unité en µl / réaction
H_2O			14,21
Tampon	5X	1X	4,0
$MgCl_2$	25mM	1mM	0,0
dNTP	20mM	0,1mM	0,25
Amorce ITS-F 5'-GTCGTAACAAGGTAGCCGTA-3'	50 μM	0,125 μM	0,17
Amorce ITS-FR 5'-CAAGGCATCCACCGT-3'	50 μM	0,125 μM	0,17
Taq DNA polymérase	5 U/μl	1U/μl	0,2
ADN			1,0
Volume final réactionnel			20

2. 3. 3. 3. Méthode PFGE

Le protocole de séparation de l'ADN chromosomique utilisé est celui de Tammy *et al.* (1995) modifié. Les colonies sont incubées pendant 24h dans 5 ml dans le milieu cœur cervelle et 1ml de cette culture est centrifugé (3000 rpm pendant 5'). Les cellules sont lavées dans 2 ml du tampon TE autoclavé (0,1M Tris Cl; 0,1M EDTA) et centrifugé. Les cellules lavées sont ensuite suspendues dans 0,5ml de tampon EC autoclavé (6mM Tris, 1M NaCl; 0,1M EDTA; 0,5 Brij 58; 0,2% Sodium desoxycholate, 0,5% Sodium N-Lauroylsarcosine). Deux microlitres de 1 mg / ml de solution de lysostaphine sont ajoutés dans la suspension cellulaire, et le tout est agité. Trois cent microlitres de 1,6% de Plaque agarose dissolvé dans le tampon EC sont ajoutés à la suspension du lysostaphin-cellule. La suspension est brièvement agitée et rapidement pipeté dans des moules. Après la solidification pendant 15 min, les morceaux sont placés dans des tubes contenants 1 ml de tampon EC et les cellules sont lysées pendant 24h à 37°C sans agitation. Après l'étape de digestion, le tampon EC est rejeté et replacé par 1ml de tampon autoclavé TE (10mM Tris Cl, 20mM EDTA) et les tubes sont incubés pendant 1h à 55°C sans agitation. Les morceaux sont ensuite transférés à 1ml de tampon TE pour le stockage à 4°C pour une éventuelle analyse. Pour l'électrophorèse, les morceaux sont coupés en petits cubes et placés dans une suspension finale de 250μl d'enzyme de restriction (tampon de restriction plus eau distillée stérile) contenant 30U de *Sma*I. Après 12h d'incubation à 25°C avec agitation à 140 rpm, les fragments digérés des chromosomes sont analysés par migration dans 1% multipurpose agarose gel (Appligène oncor). L'électrophorèse en champ pulsé est effectuée avec l'appareil appelé CHEF-DRIII electrophoresis (Bio-rad). Le bactériophage λ DNA concatemer (Bio-rad) est utilisé comme un marqueur standard de poids moléculaire et sert comme contrôle pour les paramètres d'unités de migration de l'appareil. Les paramètres de migration sont les suivants: pulse initial, 5s; pulse final, 40s; voltage, 6 V / Cm; temps, 22h; température 12 à 14°C. Les gels sont colorés avec le bromure d'éthidium et photographiés.

2. 3. 4. Purification des fragments d'ADN

Les produits d'amplification par PCR ne sont pas suffisamment purs pour être utilisés directement dans les réactions enzymatiques comme le séquençage et nécessitent une purification préalable. La purification a été faite en utilisant des kits de purification (Wizard [R] SV Gel and PCR Clean-Up System (Promega).

3. Détermination de la biomasse microbienne par la méthode de Fumigation-extraction

3. 1. Protocole expérimental

Dans ce travail, on a apporté au sol des amendements des résidus organiques (compost et fumier de ferme) au sol en plein champ durant trois années consécutives 2000, 2001 et 2002. L'essai est réalisé selon deux dispositifs expérimentaux en bloc aléatoires: le premier correspond à une parcelle cultivée en blé avec 24 parcelles élémentaires pour les huit traitements avec 4 répétitions (Figure. 3), et le second correspond à une parcelle nue avec 32 parcelles élémentaires pour les 6 traitements et toujours avec une parcelle témoin et 4 répétitions (Figure. 4). Pour la parcelle nue, l'amendement du sol par le compost se fait à différentes doses (40, 80 et 120 t ha^{-1}). L'amendement est apporté au début de chaque année culturale (mois de septembre) et les prélèvements d'échantillons de sol sont effectués toujours à la fin de la saison humide (mois d'avril) et à la fin de la saison sèche (mois de septembre). Pour la parcelle cultivée, l'apport d'amendement organique couplé ou non à l'engrais chimique, les prélèvements sont effectués à la fin de chaque culture. La répartition spatiale de différents traitements étudiés dans les deux parcelles expérimentales nue et cultivée est schématisée dans les Figures. 3 et 4.

3. 2. Le sol

Le sol utilisé dans cette étude est de type limono-argileux (S) prélevé de la ferme de l'Institut National Agronomique de Tunisie à Mornag (sud-ouest de Tunis). Les principales caractéristiques physico-chimiques du sol sont regroupées dans le Tableau 4. C'est un sol peu évolué d'apport alluvial hydrique, appelé Vertico Xero Fluvent, il représente environ 50% des meilleures terres cultivées du Nord de la Tunisie, soit plus d'un million d'hectare. Il est représenté dans la plupart des plaines alluviales du nord

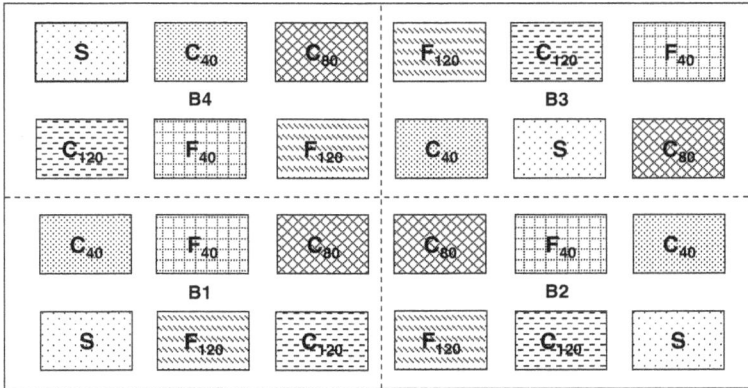

Figure 3. Plan schématique de la parcelle non cultivée

Traitements: S: Sol sans amendement; C_{40}: Compost à 40 t h^{-1}; C_{80}: Compost à 80 t h^{-1}; F_{120}: Fumier à 120 t h^{-1}; C_{120}: Compost à 120 t h^{-1}; F_{40}: Fumier à 40 t h^{-1} avec 4 répétitions pour chaque traitement; B: bloc.

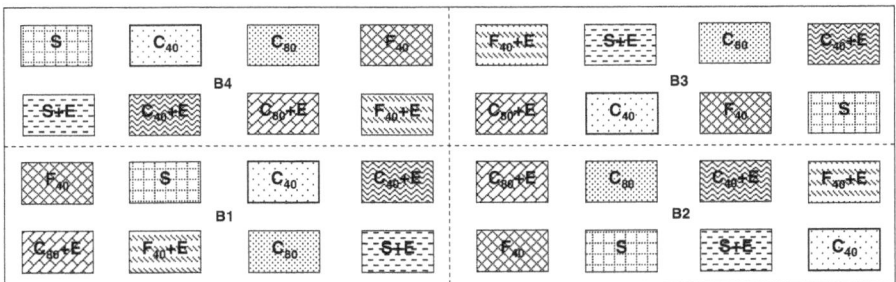

Figure 4. Plan schématique de la parcelle cultivée

Traitements: S: Sol sans amendement; C_{40}: Compost à 40 t h^{-1}; C_{80}: Compost à 80 t h^{-1}; E: Engrais chimiques; F_{40}: Fumier à 40 t h^{-1} avec 4 répétitions pour chaque traitement; B: bloc

3. 3. Compost des ordures ménagères et fumier de ferme

Un compost d'ordures ménagères obtenu de la station pilote semi industrielle de Béja et pris à différents tonnages et un fumier pailleux de la ferme pris comme référence ont été utilisés dans cette étude: compost à 40 t ha^{-1} (C1); compost à 80 t ha^{-1}(C2); compost à 120 t ha^{-1} (C3); fumier de ferme à 40 t ha^{-1} (F) et fumier de ferme à 120t ha^{-1} (F1).

Les caractéristiques physico-chimiques de ces amendements sont regroupées dans le Tableau 4.

Tableau 4. Caractéristiques du sol et des amendements organiques utilisés

Eléments	Sol	Compost	Fumier
pH	8,5 ± 0,2	7,9 ± 0,2	7,8 ± 0,3
C (%)	0,87 ± 0,01	17,50 ± 1,30	29,20 ± 2,40
N(%)	0,095 ± 0,002	1,800 ± 0,030	2,600 ± 0,090
C/N	9,15	9,8	11,4
HR (%)	8,2	25,8	7,1
Argile (%)	27 ± 0,8	id	id
Limon (%)	62 ± 1,4	id	id
Sable (%)	11 ± 0,5	id	id
Cd (mg kg^{-1})	1,1 ± 0,03	2,3 ± 0,30	2,1 ± 0,05
Pb (mg kg^{-1})	49,5 ± 2,3	80,1 ± 3,6	8,9 ± 0,9
Cr (mg kg^{-1})	22,5 ± 1,1	78,9 ± 2,9	25,9 ± 2,5
Ni (mg kg^{-1})	21,9 ± 1,8	90,8 ± 4,1	22,4 ± 1,8
Cu (mg kg^{-1})	42,5 ± 0,3	337 ± 6,8	25,5 ± 1,3
Zn (mg kg^{-1})	115,7 ± 2,2	290,5 ± 11,7	117,1 ± 3,1

Les valeurs sont la moyenne de 3 répétitions n=3; ±: Déviation standard; id: indéterminé

3. 4. Estimation de la biomasse microbienne par la méthode de fumigation-extraction

Le carbone et l'azote de la biomasse microbienne ont été analysés par la méthode de fumigation-extraction accordé à Vance *et al.* (1987) et Brookes (1995). A la date de prélèvement des échantillons des sols, huit répétitions de chaque traitement sont prélevées. Quatre échantillons de chaque traitement sont fumigés au chloroforme (CH3CI) dans un dessiccateur pendant 24h à l'obscurité et à une température de 25°C (Brookes *et al.*, 1985). Après fumigation, les quatre échantillons de sol non fumigés sont extraits par une solution de K_2SO_4 à 0,5 N avec une proportion de 1/4 puis filtrés. Parallèlement, les quatre autres échantillons non fumigés ont été extraits au moment où a commencé la fumigation.

3. 4. 1. Détermination de l'azote de la biomasse microbienne

Sur une prise d'essai de 20 ml du filtrat de K_2SO_4 des échantillons fumigés et non fumigés, le dosage de l'azote total est fait selon la méthode de Kjeldal (Bremner, 1965). Le calcul de l'azote de la biomasse microbienne est fait selon l'équation suivante (Brookes *et al.*, 1985): $B_N = [N_F - N_{NF}] / k_{en}$

Avec

B_N: Azote de la biomasse microbienne; N_F: Azote total dans le filtrat K_2SO_4 du sol fumigé; N_{NF}: Azote total dans le filtrat K_2SO_4 du sol non fumigé; k_{en}: Coefficient d'efficacité d'extraction de l'azote organique microbien et de l'azote inorganique du sol. La valeur 0,68 indiqué par Brookes *et al.* (1985) a été considérée dans ce calcul.

3. 4. 2. Détermination du carbone de la biomasse microbienne

La quantité du carbone est déterminée par la méthode d'oxydation au bichromate de potassium (Jenkinson et Powlson, 1976). Les quantités du carbone soluble dans l'extrait du sol fumigé et non fumigé sont utilisées selon l'équation suivante: $B_C = [C_F - C_{NF}] / k_{ec}$

Avec

B_C: Carbone de la biomasse microbienne; C_F: Carbone dans le filtrat K_2SO_4 du sol fumigé; C_{NF}: Carbone dans le filtrat K_2SO_4 du sol non fumigé; K_{ec}: Coefficient d'efficacité d'extraction du carbone de la biomasse microbienne. Voroney *et al.* (1991) suggèrent un k_{ec} de 0,35 qui est généralement la valeur correspond à l'efficacité de l'extraction du carbone de la biomasse microbienne.

3. 5. Dénombrement de la flore bactérienne totale

Pour dénombrer la flore bactérienne totale une aliquote de 5g de sol ou de sol traité est utilisé pour déterminer le nombre de microorganismes cultivables. Les dilutions des échantillons sont étalées sur milieu gélose trypto-caseine-soja (Bio-rad, France) contenant 100 μg de cycloheximide ml^{-1} pour inhiber la croissance des champignons. Les boîtes sont incubées à 25°C pendant 3 jours et les colonies formées sont dénombrées.

3. 6. Méthode d'extraction d'ADN du sol

L'extraction et la purification de l'ADN ont été effectuées à partir d'un équivalent poids sec de chaque traitement de 500 mg de sol frais, utilisant le kit d'extraction d'ADN du sol Bio 101 (Fast DNA Kit for Soil, Biogène, France). Cette méthode consiste en une extraction directe de l'ADN à partir du sol après une étape de lyse mécanique avec les verres en quartz dans une solution tamponnée (0,2M d'une solution monobasique de sodium phosphate avec 0,2M d'une solution dibasique de sodium phosphate (v/v; 1/1, pH=7). Les échantillons sont ensuite vigoureusement agités par un mini agitateur (Bio Spec Products, Oklahoma) pendant 2,5 min à 5000 tours par min ensuite centrifugés à 14000 rpm pendant 10 min. Une aliquote de 100 μl du surnageant est pipetée et l'ADN est précipité et lavé avec une solution d'éthanol (v/v; 1/1) dans une colonne. L'ADN est dilué dans 100 μl d'eau ultra pure. L'ADN purifié est quantifié par spectrophotométrie (Bio-RAD Smart Spec ™ Plus, France) (Leckie *et al.*, 2004). La spectrophotométrie des rapports *A260 /A280* et *A260 /A230* est déterminée afin d'évaluer les protéines et l'acide humique respectivement dans l'extrait d'ADN (Ogram *et al.*, 1987; Steffan *et al.*, 1988).

3. 7. Analyses statistiques

Les résultats exprimés en valeur moyenne sont analysés par le modèle linéaire généralisé du logiciel SPSS selon le test de Student-Newman-Keuls. Le coefficient de corrélation Pearson a été calculé. Toutes les analyses statistiques sont faites à $P \leq 0,05$.

RESULTATS ET DISCUSSION

Chapitre I

Evolution des paramètres physico-chimiques et microbiologiques au cours du cycle de compostage

1. Evolution des paramètres physico-chimiques

1.1. Evolution de la température, de l'humidité et de la matière organique totale

La mesure de la température permet de refléter le régime des échanges thermiques de la masse en fermentation au cours du processus de compostage. L'analyse de la courbe de l'évolution de la température en fonction du temps révèle les trois phases classiques du cycle compostage aussi bien au cours de l'étape de digestion qu'au cours de l'étape de maturation (Figure. 5). En effet, l'étape de digestion commence par une phase mésophile où la température progresse rapidement après seulement une semaine de la mise en place des andains. La richesse en composés fermentescibles augmente rapidement la température ambiante dans la masse de déchets et atteint alors 42°C. Cette élévation de la température est la conséquence directe de l'oxydation et de la dégradation de la matière organique facilement biodégradable des différents substrats constituant les déchets (Hassen *et al.*, 2001).

Cette oxydation (ou biodégradation) des substances fermentescibles permet ainsi la libération de l'énergie contenue dans les liaisons chimiques des molécules constitutives (Ryckeboer *et al.*, 2003). De plus, au cours de cette première phase de l'étape de digestion, le taux d'humidité est assez élevé, il est de l'ordre de 45%; ce paramètre est déterminant pour la conduite de l'opération de compostage. Hachicha et Ghoul (1991) ont remarqué que la durée de la phase mésophile traduit le temps utile aux microorganismes pour s'adapter à l'environnement nouveau du milieu. Ultérieurement à partir du 20ème jour de l'étape de digestion et avec l'augmentation de la température (aux alentours de 65°C), la phase thermophile est atteinte. Cette phase a pour conséquence une diminution des valeurs de l'humidité, compte tenu aussi de l'élévation de la température ambiante. Au cours de la phase thermophile de l'étape de digestion, nous assistons à une importante biodégradation notamment au début de cette phase. Dans ce contexte, nous remarquons que le rendement maximal de décomposition de la matière organique a été obtenu au cours de l'étape de digestion à une température de 51°C et sous 40% d'humidité. Au fait, cette température correspond au développement des microorganismes cellulolytiques (Golueke, 1978). Par ailleurs, Larney *et al.* (2003) ont trouvé, qu'à des températures élevées de la phase thermophile, il y a une pasteurisation naturelle. Ces auteurs ont expliqué ce résultat par le fait que la hausse de la température stimule l'éclosion des œufs, accélérant ainsi l'évolution des larves vers des formes de vie qui les rendent vulnérables. Toutefois, la fin de la phase thermophile ne coïncide pas avec la fin du cycle de compostage. Le compost continue à fermenter lentement (Marrug *et al.*, 1993). Par ailleurs, nous notons une légère augmentation des quantités de matières organiques au 62ème jour, qui est la conséquence d'apport de sciures de bois et de déchets verts dans le but d'amplifier l'activité microbienne et de maintenir un rapport C/N adéquat pour le démarrage de l'étape de maturation.

Au cours de l'étape de maturation, la température fluctue et son évolution suit celle de la phase de l'étape de digestion mais avec une moindre intensité. Ce résultat est la conséquence directe d'un appauvrissement et d'un épuisement en substrats obtenus au cours de l'étape de digestion

(Ben Ayed *et al.*, 2005). L'étape de maturation commence également par une phase mésophile, rapide, correspondant au 70ème jour, qui traduit l'adaptation des microorganismes au nouveau milieu. A partir du 76ème jour, il y a une légère élévation des valeurs de la température, qui est vraisemblablement le reflet de l'activité microbienne dans l'oxydation des substrats. Enfin, la phase de refroidissement de l'étape de maturation est atteinte vers le 125ème jour et elle se caractérise par une chute de la température, (elle est de l'ordre de 30°C) et elle ne s'élève pas même lorsque les andains sont arrosés et retournés. Cette absence de remontée de température constitue un bon critère de la stabilisation de la matière organique constituant le compost. Il a été constaté par Epstein (1997) que cette phase du cycle traduit la réduction de l'activité bactérienne après l'épuisement du milieu en substrats facilement assimilables et à l'accumulation de facteurs inhibiteurs de la croissance microbienne.

1. 2. Evolution du pH

Le suivi du pH est un bon outil de contrôle de la fermentation. L'évolution du pH en fonction du temps montre trois phases différentes (Figure. 6). D'abord, l'étape de digestion passe par une phase acidogène, de 15 jours, où le pH est aux alentours de 6,6. Cette valeur est le résultat d'une production d'acides organiques à partir des glucides, lipides, et de gaz carbonique qui se dissout dans l'eau. Vers le 25ème jour de l'étape de digestion, il y a un passage rapide vers une phase de neutralité. Puis, vers le 34ème jour, la phase d'alcalinisation est atteinte où le pH atteint 7,8. Cette phase est le résultat, d'une part, d'une production ammoniacale à partir de la dégradation des amines et d'autre part, d'une libération des bases auparavant intégrées à la matière organique (Ben Ayed *et al.*, 2005).

L'étape de maturation passe par une phase alcaline stationnaire et le compost mature a un pH égal à 7,6. Le pH final légèrement alcalin fait du compost un produit sans risques pour le sol et pour les plantes. La valeur du pH obtenue, dans cette expérimentation, confirme les travaux de He *et al.* (1992) et de Hellmann *et al.* (1997). Cependant, le pH ne dépassera jamais le spectre toléré par les microorganismes, qui est une gamme variant entre les pH 6 et 8 tout au long du cycle de compostage. Par conséquent, le pH n'est pas un facteur d'inhibition pour les microorganismes du compostage mais par contre, il favorise l'effet de compétition. Deportes (1997) a trouvé que l'optimum de prolifération de la plupart des bactéries est enregistré à des pH variant entre 6 et 8. Par contre, les champignons sont plus tolérants à la variation de pH et leur gamme optimale varie entre 5 et 8,5.

1. 3. Evolution du rapport C/N

Le rapport C/N permet de caractériser la qualité des matières organiques et l'activité de la flore microbienne associée. Il est de l'ordre de 27 au début de l'étape de digestion (Figure. 7). La valeur de ce rapport s'explique par le fait que certaines formes d'azote sont difficilement dégradables par la microflore. Par la suite, on note une diminution du rapport C/N qui devient égal en fin de l'étape de digestion à 13,1 (Ben Ayed *et al.*, 2005). En effet, cette diminution de la valeur du rapport C/N s'explique par la transformation active du carbone en gaz carbonique accompagnée d'une diminution des teneurs d'acides organiques dans la masse des déchets à composter (Chefetz *et al.*, 1998). Vers le 62ème jour, l'apport de déchets verts et de sciures de bois a pour effet d'élever légèrement le rapport C/N. Cet apport de déchets spéciaux au cours du cycle de compostage a pour but d'amplifier l'activité microbienne pour un bon démarrage de l'étape de maturation. Au cours de l'étape de maturation, une stabilisation du rapport C/N aux alentours de 9,1 est observée (Ben Ayed *et al.*, 2005).

Cette stabilisation correspond à une tendance des ordures ménagères à la stabilité biologique (Hamrouni, 1987). De plus selon Jedidi *et al.* (1991) et

Guene (2002), cette diminution du rapport C/N observée à la fin du cycle de compostage correspond à une évolution des matières organiques vers des formes plus stables et plus humifiées. De ce fait, ce rapport est considéré comme un bon indicateur de maturité du compost (Hardy *et al.*, 1993). Par conséquent, nous obtenons un compost stable après 139 jours. En se rapportant aux travaux de Hachicha et Ghoul (1991), la maturité du compost est atteinte après 75 jours. Cette différence de durée est vraisemblablement due à la différence de la composition des ordures ménagères mises à composter et notamment à la technologie adoptée au cours de ce processus de compostage. Toutefois, Hue et Liu (1995) trouvent que ce rapport n'est pas un bon indicateur de la stabilité du compost. En effet, un rapport C/N faible ne signifie pas que les matériaux sont stables. Le rapport C/N est un paramètre important à suivre car Jedidi *et al.* (2000) ont trouvé que l'incorporation d'un compost non mûr avec un rapport C/N élevé provoque une immobilisation de l'azote dans le sol et il en résulte une déficience en azote pour la plante. Les études d'Inbar *et al.* (1990) ont montré que si le compost présente un rapport C/N très faible, il peut aboutir à une toxicité des plantes par NH_3.

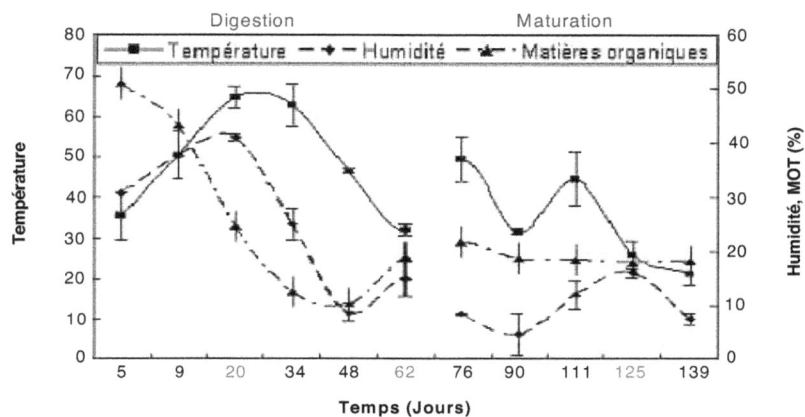

Figure. 5. Evolution de la température, de l'humidité et de la matière organique totale

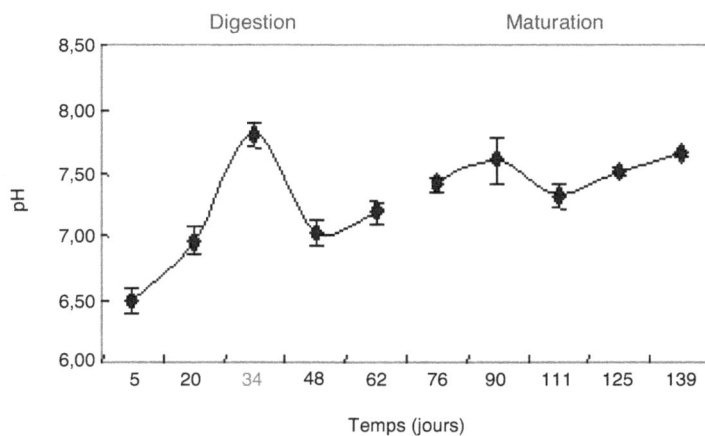

Figure 6. Evolution du pH au cours du cycle de compostage

51

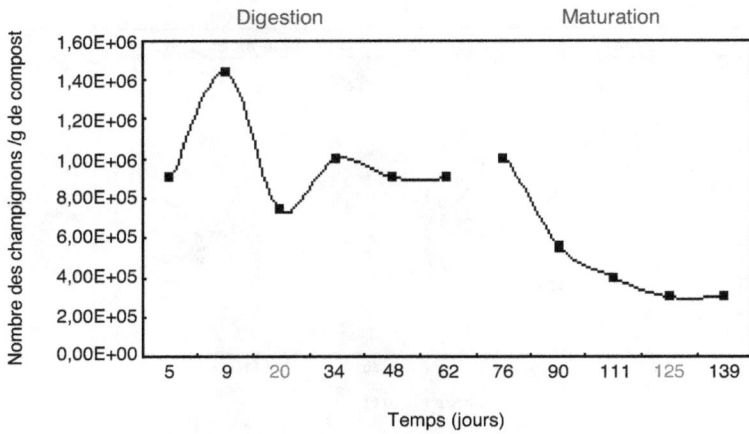

Figure 8. Evolution des champignons au cours du cycle de compostage

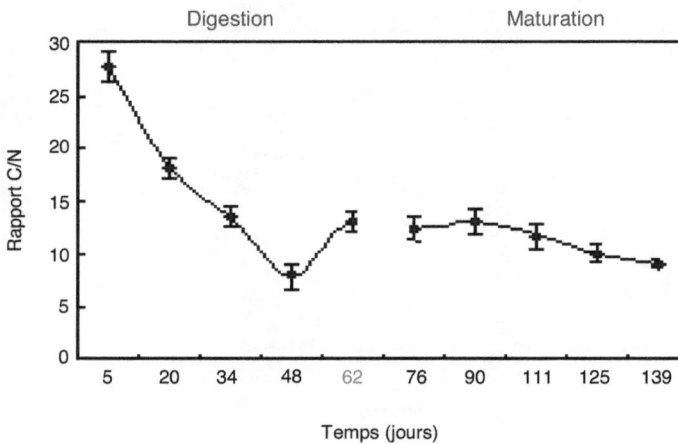

Figure 7. Evolution du rapport C/N au cours du cycle de compostage

2. Evolution des paramètres microbiologiques

2. 1. Évolution des salmonelles

Durant le cycle de compostage, les salmonelles n'ont pas été détectées en préconisant les techniques classiques de culture et il reste à confirmer leur existence et leur viabilité par des techniques moléculaires (PCR).

2. 2. Evolution des champignons

La phase mésophile de l'étape de digestion est caractérisée par l'accroissement du nombre des champignons mésophiles. Leur nombre passe de $8,5.10^5$ à $1,4.10^6$. Puis, ce nombre chute brusquement avec l'augmentation de la température de la phase thermophile (Figure. 8). Durant la phase thermophile de l'étape de digestion, nous assistons à une augmentation du nombre des champignons. Ces derniers jouent un rôle important dans la décomposition de la matière organique. Vers le 34^{ème}jour, le nombre de champignons se stabilise montrant que le compost continu à fermenter lentement. Vers le 62ème jour et après l'apport de sciure de bois et de déchets verts, le nombre de champignons a pris une légère augmentation dans le but de décomposer la matière organique nouvellement introduite. Au cours de l'étape de maturation, on assiste à une diminution progressive du nombre des champignons. Ce résultat est la conséquence d'un épuisement du milieu en substrats biodégradables.

2. 3. Evolution des *Clostridium*

Les colonies de *Clostridium* sont nettement noires et leur taille varie selon l'espèce. Les colonies présentent une grande taille, de 3 à 5 mm de diamètre, après les premières 18h, peuvent se développer encore et elles correspondent à l'espèce *Clostridium perfringens*. Au cours de cette expérimentation l'espèce *Clostridium perfringens* n'a pas été détectée.

Le nombre des *Clostridium* apparaît très faible durant l'étape de digestion et l'étape de maturation du cycle de compostage et leur présence montre la contamination du compost par des excréments d'origine animale (Figure. 9).

2. 4. Evolution des staphylocoques

Le nombre et la distribution de staphylocoques isolés pendant les différentes étapes du cycle de compostage sont présentés dans la Figure. 10. Durant la phase mésophile de la phase de digestion, le nombre de staphylocoques a augmenté de $1,4.10^7$ CFU / g MS pour atteindre $3,0.10^7$ CFU / g MS. Cependant, au cours de la phase thermophile il apparaît une baisse significative des staphylocoques, jusqu'à la sixième semaine du processus de compostage. Pendant la phase de maturation et après l'application des sciures de bois et de déchets verts, le nombre de staphylocoques a montré une reprise notable atteignant $2,0.10^7$ CFU / g MS. A la fin de l'étape de maturation, le nombre de staphylocoques chute et atteint $0,5.10^7$ CFU / g MS.

Dans cette étude, le milieu Baird Parker a été utilisé pour la numération et l'isolement de SCN. Ainsi, l'utilisation du milieu de culture Baird Parker réduit la probabilité d'isolement des membres des genres *Micrococcus* et *Kocuria*.

Le nombre de SCN passe de $3,0.10^7$ CFU / g MS pendant la phase mésophile de l'étape de digestion et $0,5.10^7$ CFU / g MS à la fin de la phase de maturation. Ce résultat confirme que les SCN joueraient un rôle principal dans la fermentation à côté d'autres genres microbiens diversifiés durant le cycle de compostage. Donc les SCN joueraient un rôle de démarreur de la fermentation durant le processus de compostage comme des cultures starter utilisées pour le démarrage de la fermentation des saucisses italiennes (Coppola *et al.*, 2000; Rossi *et al.*, 2001).

Cependant, durant l'étape thermophile de la phase de digestion (à partir du 20ème jour du cycle) quand la température atteint 65°C, l'humidité diminue et le nombre de SCN diminue significativement par rapport au nombre enregistré du début. Ce résultat confirme qu'une telle condition était non favorable pour la croissance et la diversification de SCN. Durant la phase de digestion, nous remarquons essentiellement l'existence de 3 espèces: *S. xylosus*, *S. lentus* et *S. hominis*. Durant la phase de maturation et après l'apport de sciure de bois et de déchets verts, il y a une apparition d'autres espèces de SCN comme *S. lugdunensis*, *S. haemolyticus*, *S. sciuri* et *S. warneri*. Ce résultat pourrait être expliqué par le fait que les conditions deviennent favorables pour le développement et la diversité de SCN. Ainsi il peut être assumé que les trois espèces obtenues durant la phase de digestion sont les espèces les plus fréquentes dans les déchets solides. Alors que, les autres espèces ont été ajoutées avec la sciure de bois pendant la phase de maturation. En effet, l'application de sciure de bois change les conditions du cycle de compostage et permet l'apparition de nouvelles espèces de staphylocoques qui étaient présentes dans la première phase, mais non cultivables. D'autre part, les *S. aureus* et *S. epidermidis* n'ont pas été détectées au cours de cette expérimentation. Ces résultats sont en concordance avec ceux annoncés par Hassen *et al.* (2001). Cependant, Lasaridi *et al.* (2006), ont détecté *S. aureus* dans les composts de fumier et/ou d'origine exclusivement de plante.

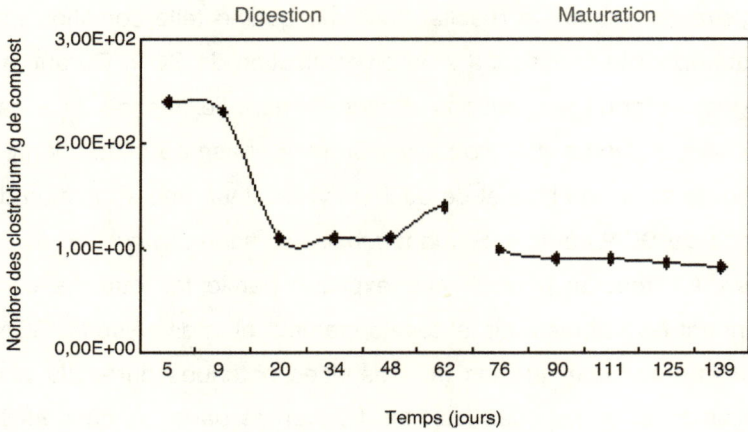

Figure 9. Evolution des Clostridium au cours du cycle de compostage

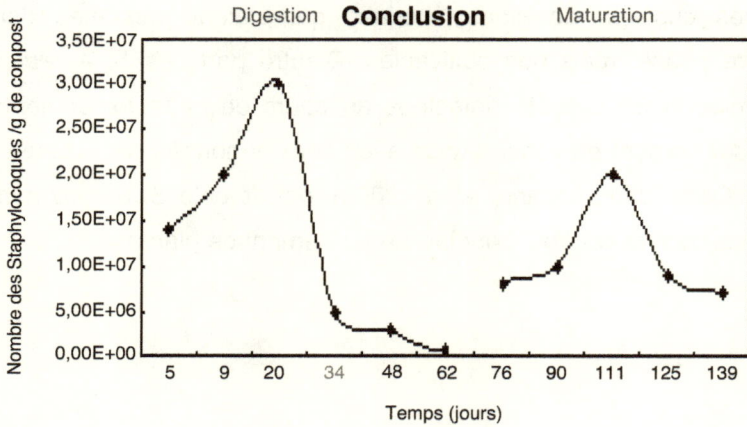

Figure 10. Dynamique des communautés de staphylocoques à coagulase-négative au cours du cycle de compostage

Cette étude nous a permis de caractériser l'influence de différents paramètres physico-chimiques et biologiques sur le déroulement du processus de compostage.

L'évolution de la température en fonction du temps révèle les trois phases classiques du cycle de compostage: phase mésophile, phase thermophile et phase de refroidissement aussi bien au cours de l'étape de digestion qu'au cours de l'étape de maturation. Cependant le rendement maximal de décomposition de la matière organique a été obtenu au cours de l'étape de digestion à une température de 51°C et sous 40% d'humidité.

L'évolution du pH en fonction du temps montre trois phases différentes. L'étape de digestion passe par une phase acidogène, de neutralité et enfin d'alcalinisation. Alors que, l'étape de maturation passe par une phase alcaline stationnaire. Le pH final légèrement alcalin fait du compost un produit sans risques pour le sol et pour les plantes.

Le rapport C/N est un paramètre important à suivre puisque c'est un indicateur de la stabilité biologique d'où de la maturité du compost. En effet, au début de l'étape de digestion la valeur du rapport C/N est assez élevée aux alentours de 27 puis et à la fin de l'étape de maturation ce rapport diminue et se stabilise aux alentours de 9,1. Cette diminution du rapport C/N observée à la fin du cycle de compostage correspond à une évolution des matières organiques vers des formes plus stables et plus humifiés.

L'évolution des pathogènes tels que les salmonelles ou les staphylocoques durant le cycle de compostage montre l'absence des salmonelles, de *Staphylococcus aureus* et de *Staphylococcus epidermidis*. Durant la phase de digestion, nous remarquons essentiellement l'existence de 3 espèces: *S. xylosus*, *S. lentus* et *S. hominis*. Durant la phase de maturation et après l'apport de sciure de bois et de déchets verts, il y a une apparition d'autres espèces de SCN comme *S. lugdunensis*, *S. haemolyticus*, *S. sciuri* et *S.*

warneri. Ce résultat pourrait être expliqué par le fait que les conditions deviennent favorables pour le développement et la diversité de SCN.

L'évolution de différents paramètres physico-chimiques de contrôle étudiés, montre une similarité aussi bien au cours de l'étape de digestion qu'au cours de l'étape de maturation. Néanmoins, la digestion apparaît plus active et c'est le résultat de la présence d'une large variabilité de substrats mis à composter et d'une large diversité microbienne non spécifique.

Chapitre II

Diversité et dynamique des staphylocoques à coagulase-négative durant le cycle de compostage des ordures ménagères

1. Caractérisation phénotypique des souches de Staphylocoques

En se basant sur les tests phénotypique il est possible de distinguer 28 profils biochimiques parmi les 100 souches de staphylocoques étudiées dans ce travail. Chaque phénon du dendrogramme simplifié, obtenu par l'analyse de classification hiérarchique (Figure. 11), représente un profil biochimique. A la similitude de 79%, des isolats de staphylocoques ont été regroupés dans des phénons de A à I. *Staphylococcus xylosus*, présente 10 profils biochimiques; S. *lentus*, présente 11 profils. Les espèces de S. *haemolyticus* présente 3 profils alors que les espèces de S. *hominis*, S. *lugdunensis*, S. *sciuri* et S. *warneri* ont chacune un seul profil biochimique. Les caractéristiques phénotypiques des souches de chaque haplotype sont présentées dans le Tableau 5.

Ces isolats sont tous identifiés en espèce en préconisant le système Api Staph. Le nombre des souches identifiées de chaque cluster est indiqué dans le Tableau 6. Il est à remarquer que la distribution d'espèces isolées dépend de l'étape du cycle de compostage. En effet, pendant la phase de digestion, trois espèces ont été isolées S. *lentus*, S. *xylosus* et S. *hominis*. Tandis que, pendant la phase de maturation, en plus des espèces précédentes, S. *lugdunensis*, S. *haemolyticus*, S. *sciuri* et S. *warneri* ont été aussi isolées (Tableau 7).

Tableau 5. Caractéristiques phénotypiques des souches de staphylocoques

Caractéristiques	Haplotypes							
	A	B	C	D	E	F	G	H
Catalase	+	+	+	+	+	+	+	+
Coagulase	-	-	-	-	-	-	-	-
Glucose	0	0	0	0	0	0	0	0
D(+)-fructose	100	100	100	100	100	100	100	100
D(+)- mannose	100	100	100	100	100	100	100	0
Maltose	100	33	100	0	25	100	0	0
Lactose	95	100	100	100	100	100	100	0
Trihalose	100	100	28	0	0	80	0	0
D-mannitol	100	100	100	100	100	100	100	100
D(+)- melibiose	20	100	28	0	0	20	0	100
Nitrate reductase	80	100	28	0	0	20	0	100
Phosphatase	100	66	100	0	100	100	0	100
Raffinose	65	100	57	100	43	40	100	100
D(+)- xylose	100	100	28	0	0	0	0	100
Saccharose	100	100	57	100	0	80	0	100
Hydrolyse de l'arginine	100	66	100	100	100	100	0	0
Urease	0	33	100	0	0	20	0	100

Les valeurs sont le pourcentage des souches donnant une réaction positive au caractère approprié

Tableau 6. Identification des staphylocoques représentant les différents profils biochimiques par Api Staph

Identification par Api Staph	Espèce	Nombre de profils
Haplotype A	*S. lentus*	11
Haplotype B	*S. xylosus*	3
Haplotype C	*S. haemolyticus*	3
Haplotype D	*S. xylosus*	1
Haplotype E	*S. xylosus*	4
	S. sciuri	1
Haplotype F	*S. xylosus*	1
Haplotype G	*S. warneri*	1
Haplotype H	*S. hominis*	1
	S. luqdunensis	1
Haplotype I	*S. xylosus*	1

Tableau 7. Distribution des staphylocoques au cours du cycle de compostage

Etape du cycle de compostage	Echantillons	Temps (jours)	Identification utilisant Api Staph
digestion	E1	5	*S. lentus, S. xylosus, S. hominis*
	E2	9	*S. lentus, S. xylosus, S. hominis*
	E3	20	*S. lentus, S. xylosus, S. hominis*
	E4	34	*S. lentus, S. xylosus, S. hominis*
	E5	48	*S. lentus, S. xylosus, S. hominis*
	E6	62	*S. lentus, S. xylosus, S. hominis*
	E7	76	*S. lentus, S. xylosus, S. hominis*
Maturation	E8	90	*S. lentus, S. xylosus, S. hominis, S. lugdunensis*
	E9	111	*S. lentus, S. xylosus, S. hominis, S. sciuri, S. haemolyticus*
	E10	125	*S. lentus, S. xylosus, S. hominis S. sciuri, S. haemolyticus, S.*
	E11	139	*S. lentus, S. xylosus, S. hominis, S. sciuri, S. haemolyticus, S.*

2. Caractérisation moléculaire des souches de staphylocoques

2. 1. Méthode ITS-PCR

La Figure 12 montre les profils des produits d'amplification de l'espace inter-génique 16S-23S des souches de Staphylocoques à coagulase négative. L'amplification PCR de la région variable entre 16S et 23S ADN$_r$ a donné 7 profils différents (Figure 12). Le poids moléculaire des produits PCR s'est étendu dans les tailles de 100 à 1500 pb. Dans la phase de digestion, l'ITS-PCR de *S. xylosus* (14) et *S. lentus* (12) ont présenté chacune 1 seul profil; *S. hominis* (3), a montré également 1 seul profil (Figure 12). Cependant dans la phase de maturation l'ITS-PCR de *S. xylosus* (31), *S. lentus* (20), *S. hominis* (6), *S. lugdunensis* (3), *S. haemolyticus* (3), *S. sciuri* (4) et *S. warneri* (4) ont présenté chacune 1 seul profil.

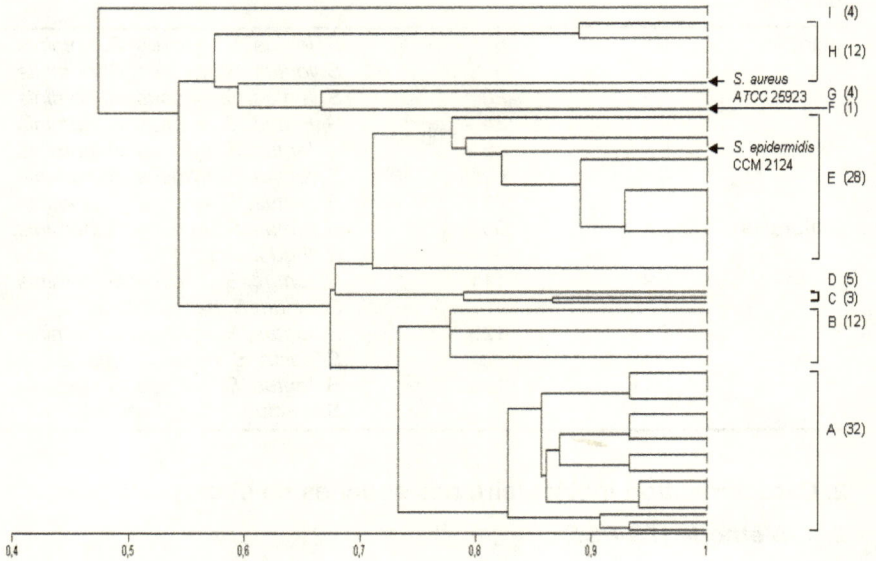

Figure 11. Dendrogramme montrant la relation entre les 100 souches de staphylocoques obtenues par l'analyse des tests phénotypiques. Le dendrogramme est basé sur le test UPGMA. Chaque phénon représente un profil biochimique. A: *S. lentus*; B: *S. xylosus*; C: *S. haemolyticus*; D: *S. xylosus*; E: *S. xylosus, S. sciuri*; F: *S. xylosus*; G: *S. warneri*; H: *S. hominis, S. lugdunensis*; I: *S. xylosus*

La Figure 12 présente les profils des produits d'amplification 16S-23S pour 7 espèces appartenant au staphylocoque à coagulase négative. L'amplification de l'espace inter-génique 16S-23S de staphylocoque ne produit pas de profil unique pour ce genre. Chacune des espèces étudiées est caractérisée par la production d'un fragment simple, de forte intensité lumineuse, qui est présent à un niveau plus grand que les autres produits d'amplification. Les tailles de ces fragments caractéristiques sont comme suit: *S. xylosus*, 1100 pb et *S. warneri*, 1500pb, 1100pb et 800pb même résultats a été obtenu par Mendoza *et al.*, 1998. Cependant, les autres espèces ont montré des longueurs de l'espace inter-génique16S-23S compris entre 100 à 800 pb (Mendoza *et al.*, 1998).

L'analyse des produits d'amplification ITS 16S-23S, après migration sur gel d'agarose à 2%, a montré une grande hétérogénéité parmi les 100 souches de *Staphylococcus*. La migration de ces produits ITS-PCR sur une matrice plus résolutive (polyacrylamide à 6%) a permis d'expliquer la complexité des profils et de détecter deux types de bandes: des bandes à migration normale, correspondant à des structures en homoduplexes et des bandes à migration différentielle qui correspondent à des structures en hétéroduplexes. Les homoduplexes permettent de dénombrer les différents types d'ITS 16S-23S. Les hétéroduplexes sont les produits des hybridations croisées entre les simples brins des homoduplexes et reflètent les différences de taille et de séquence entre les différents ITS 16S-23S du chromosome de la cellule bactérienne. La stratégie basée sur l'étude des polymorphismes de longueur du 16S-23S a été prouvée utile pour les études épidémiologiques (Gürtler, 1993) et taxonomique (Jensen *et al.*, 1993). Dans notre étude, l'amplification du 16S-23S employant des amorces synthétiques (Jensen *et al.*, 1993) s'est avérée un outil adéquat pour l'identification de 100 isolats de staphylocoques représentant 7 espèces isolées durant le cycle de compostage des ordures ménagères.

Nous avons montré que la taille des hétéroduplexes et des homoduplexes est compri entre 100 à 1500 pb.

$10^{-2} \times pb$

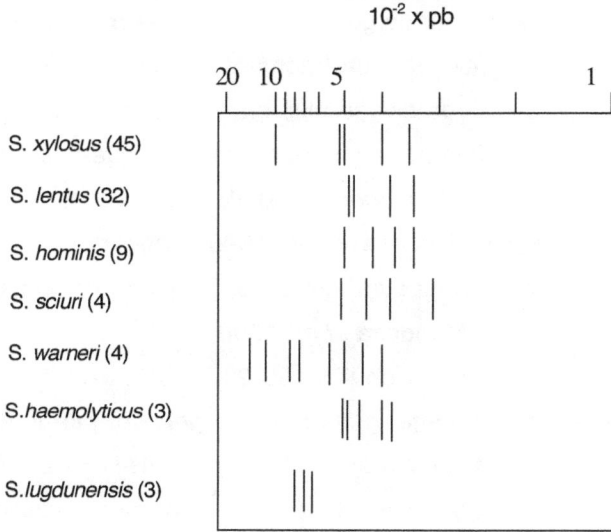

Figure 12. Représentation schématique de l'amplification ITS-PCR de 100 souches de *Staphylocoques* représentant 7 espèces.
Le nombre de souches testées est représenté entre parenthèse

Les tailles de 16S-23S, pour chacune de l'espèce *Staphylococcus* examinée pourraient être identifiées par son profil PCR. Ces résultats étaient en concordance avec les méthodes biochimiques et phénotypiques (Freney *et al.*, 1988). La méthode ITS-PCR n'a pas permis de détecter le polymorphisme intra-spécifique parmi la plupart des espèces de *Staphylococcus*. En fait, chacune de ces deux espèces *S. xylosus* ayant 10 profils biochimiques et *S. lentus* ayant 11 profils biochimiques donnent seulement un seul profil ITS-PCR. Cette technique pourrait être donc utilisée pour la confirmation de l'identification biochimique, elle pourrait confirmer la spéciation mais non la variabilité intra-spécifique.

2. 2. Méthode ARDRA

Les profils de restriction obtenus par *Hae*III, *Taq*I, *Rsa*I, *Alu*I et *Msp*I des souches de la même espèce sont hétérogènes, cela donc ne permet de définir un profil spécifique d'espèce. Cependant la comparaison entre les profils d'espèces différents ne montre pas de profils communs.

Les différentes bandes obtenu par les 5 enzymes de restriction ainsi que celles obtenu pour l'ITS ont été traité par le logiciel "gel Pro" et une base de donné est alors crée contenant les différentes profils à analyser (Figure13). Les profils ainsi obtenus sont analysés par le logiciel "MVSP"(Ver 3.13I, Kovach, 1995).

L'analyse ARDRA par les 5 enzymes de restriction *Hae*III, *Taq*I, *Rsa*I, *Alu*I et *Msp*I du produit d'amplification du gène ARN_r 16S a permis l'obtention de 8 phénons avec 88% de similitude. *Alu*I parait le meilleur enzyme produisant des fragments distincts permettant la détection d'une grande diversité au sein des souches. Plusieurs auteurs ont montrés une importante diversité des souches de staphylocoques utilisant la méthode ARDRA dans le milieu environnemental ou clinique (Hoppe-Seylar *et al.*, 2004). La faible diversité entre les souches de cette étude pourrait être attribué en partie à la propriété conservatrice de la séquence codante l'ARNr 16S ou bien à la faible diversité des isolats de staphylocoques existant durant le cycle de compostage des ordures ménagères. Aussi on ne peut pas exclure la pression de la sélection exercée par les conditions hostile du cycle de compostage permettant la persistance de quelques clones. Durant la phase de digestion, les 14 souches de *S. xylosus* ont été classées en 2 haplotypes génomiques de A à B. L'haplotype A a été représenté par 7 souches alors que l'haplotype B a été représenté aussi par 7 souches (Tableau 8). La situation est similaire pour la phase de maturation, les 31 souches de *S. xylosus* sont classées en 3 haplotypes dont les haplotypes A et B ont été aussi présents alors que l'haplotype C représenté par 10 souches a été apparu.

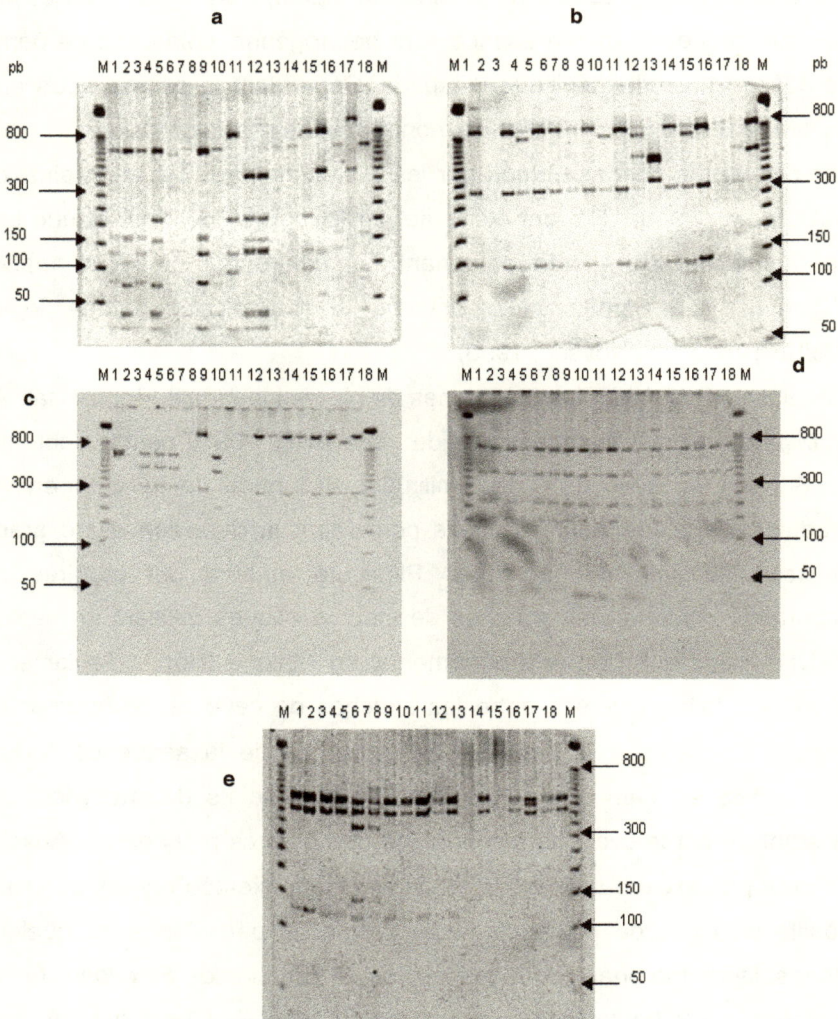

Figure 13. Résolution des produits 16S-ARDRA par les enzymes *Alu*I
(a), *Taq*I (b), *Hae*III (c), *Msp*I (d) et *Rsa*I (e) sur gel polyacrylamide à 6%.
M: Marqueur de taille moléculaire 50pb

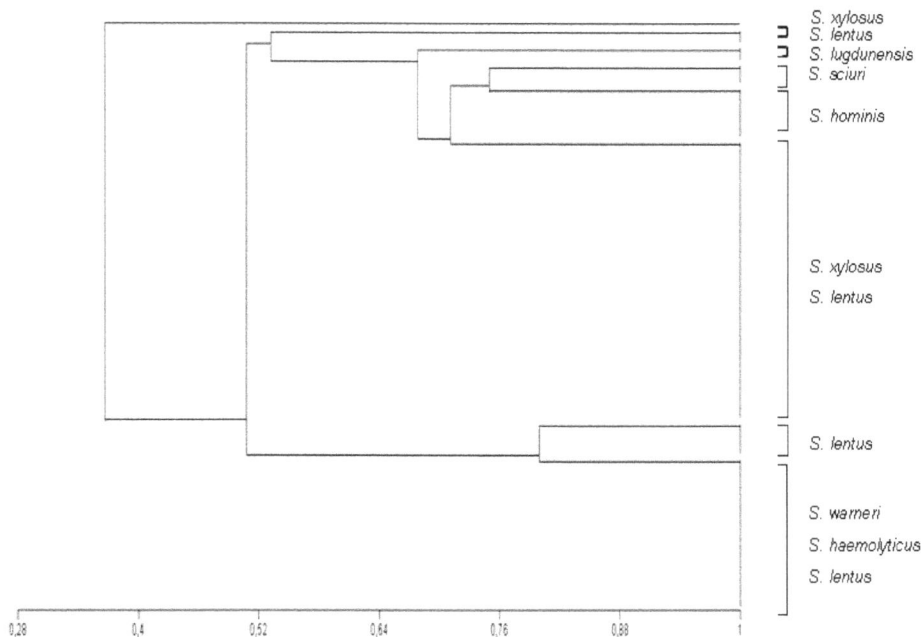

Figure 14. Dendrogramme ARDRA illustrant la relation entre les souches de staphylocoques obtenues à partir de la digestion des produits d'amplification du gène 16S par les enzymes de restrictions *Hae*III, *Taq*I, *Rsa*I, *Alu*I et *Msp*I. Le dendrogramme est basé sur le test UPGMA

Durant la phase de digestion, les 12 souches de *S. lentus* ont été classées en 2 haplotypes génomiques de A1 à B1. L'haplotype A1 a été représenté par 6 souches alors que le groupe B1 a été représenté aussi par 6 souches (Tableau 8). La situation est similaire pour la phase de maturation, les 20 souches de *S. lentus* sont classées en 3 haplotypes dont les haplotypes A1 et B1 ont été aussi présents alors que l'haplotype C1 représenté par 4 souches a été apparu.

Durant la phase de digestion, les 10 souches de *S. hominis* ont été classées en un seul haplotype génomique A2. L'haplotype A2 a été présenté par 3 souches. Durant la phase de maturation, les 6 souches de *S. hominis* sont classées en 2 haplotypes A2 et B2.

Tableau 8. Identification moléculaire des isolats de staphylocoques

Phase	Espèces	Profil ARDRA	Profil PFGE
Digestion	*S. xylosus* (14)	A (7)	A (3); B (4); C (4); D (3)
	S. lentus (12)	A1 (7); B1 (5)	A1 (2); B1 (2); C1 (3); D1 (2); E1 (3)
	S. hominis (3)	A2 (3)	A2 (1); B2 (1); C2 (1)
Maturation	*S. xylosus* (31)	A (20); B (11)	A (7); B (6); C (5); D (5); E (4); F (4)
	S. lentus (20)	A1 (9); B1 (6); C1(3); D (2)	A1 (4); B1 (3); C1 (3); D1 (2); E1 (2); F1 (2); G1 (2); H1 (2)
	S. hominis (6)	A2 (6)	A2 (2); B2 (2); C2 (1); D2 (1)
	S. lugdunensis (3)	A3 (3)	A3 (3)
	S. warneri (4)	A4 (4)	A4 (4)
	S. haemolyticus (3)	A5 (3)	A5 (3)
	S. sciuri (4)	A6 (4)	A6 (4)

( ): Nombre de souches; A, B, C,...: Haplotypes

2. 3. Méthode PFGE

Pour le genre *Staphylococcus* et avec un contenu de GC bas (30-39 %), l'enzyme de restriction qui coupe préférentiellement les liaisons riches en G-C a été choisie. *Sma*I a été employée pour différencier les différentes espèces du genre *Staphylococcus*. La digestion par l'enzyme *Sma*I a donné des profils spécifiques, représentés par environ 10 à 15 bandes et avec des tailles variant entre 10 à 700 kb (Witter *et al.*, 1993). Ainsi, le PFGE avec *Sma*I rapporte des profils spécifiques pour les différents isolats obtenus tout au long du processus de compostage étudié. Au cours de la phase de digestion, le PFGE de *S. xylosus* (14) a présenté 4 pulsotypes et de *S. lentus* (12) a présenté 5 pulsotypes, *S. hominis* (3), a présenté 3 pulsotypes (Figure 15). Au cours de la phase de maturation, le PFGE de *S. xylosus* (31) a présenté 6 pulsotypes, *S. lentus* (20) a présenté 8 pulsotypes, *S. hominis* (4), a montré 4 pulsotypes, *S. lugdunensis* (3) a montré 1 pulsotype, *S. haemolyticus* (3), *S. sciuri* (4) et *S. warneri* (4) ont présenté également 1 seul pulsotype. La méthode de PFGE montre que les souches isolées pendant la phase de digestion persistent pendant la phase de maturation. Alors que l'apparition de nouveau clone dans la phase de maturation suggère l'addition de ces clones pendant l'ajout de sciure de bois et de déchets verts ou la croissance et le développement de souches viables non cultivable déjà existant dans la 1ère phase. Aucun profil de PFGE retrouvé au sein des souches d'une espèce n'a été observé chez des souches d'une autre espèce.

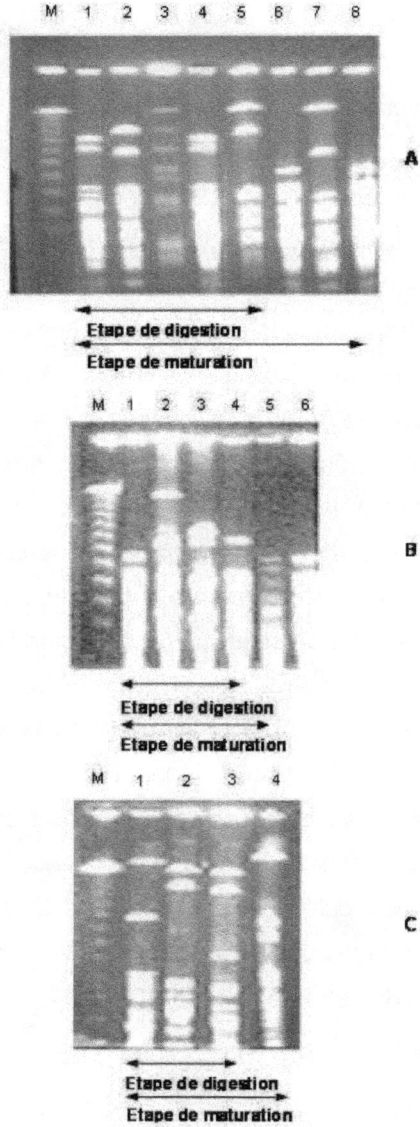

Figure 15. PFGE de _S. lentus_ (A), _S. xylosus_ (B) et _S. hominis_ (C)
M: Marqueur de taille moléculaire bactériophage λ ADN concatémere

Ainsi, et contrairement à la technique de l'ITS-PCR, aucune corrélation entre type de pulsotype et espèce ne pourrait être détectée. Cependant la PFGE montre une meilleure classification des souches au sein de l'espèce. Ces résultats supportent la faible diversité de la séquence d'ADN 16S et la forte variabilité génomique des séquences de l'ADN non vital révélé par PFGE (Hoppe-Seylar *et al.*, 2004). Il est important de noter que dans notre étude la méthode de PFGE n'est pas utilisée seulement en milieu clinique pour le typage moléculaire mais aussi pour détecter la variabilité génétique dans le cycle de compostage. Dans ce cas et similairement aux autres bactéries soumis sous ces conditions hostiles (Ben Kahla-Nakbi *et al.*, 2006) le génome parait invariable sous les conditions de stress. La réponse à l'adaptation à ces conditions pourrait toucher d'autres mécanismes moléculaires comme le facteur sigma (Van Schaik et Abee, 2005).

Conclusion

L'analyse des produits d'amplification ITS 16S-23S, après migration sur gel d'agarose à 2%, a montré une grande hétérogénéité parmi les 100 souches de *Staphylococcus*. La migration de ces produits ITS-PCR sur une matrice plus résolutive (polyacrylamide à 6%) a permis d'expliquer la complexité des profils et de détecter deux types de bandes: des bandes à migration normale, correspondant à des structures en homoduplexes et des bandes à migration différentielle qui correspondent à des structures en hétéroduplexes. Les souches de staphylocoques ont été classées phénotypiquement en 7 espèces. Cette spéciation a été confirmée par la technique ITS-PCR qui a présenté 7 profils.

L'analyse ARDRA n'a pas donné de discrimination entre les espèces de *Staphylococcus* isolées durant les 2 phases du processus de compostage étudiées. *Alu*I parait le meilleur enzyme produisant des fragments distincts permettant la détection d'une grande diversité au sein des souches. La faible diversité entre les souches de cette étude pourrait être attribué en partie à la propriété conservatrice de la séquence codante l'ARNr 16S ou bien à la faible diversité des isolats de staphylocoques existant durant le cycle de compostage des ordures ménagères. Aussi on ne peut pas exclure la pression de la sélection exercée par les conditions hostile du cycle de compostage permettant la persistance de quelques clones.

L'analyse PFGE montre plus de diversité au sein des espèces que la technique ARDRA. En effet la stabilité des séquences ARN   r   16S pourrait être expliquée par l'importance de ces séquences pour la vie bactérienne, le nombre et la localisation des opérons codant les ARNr est très stable au sein de l'espèce. Par contre la variabilité génomique totale détectée par PFGE est menée d'une plasticité génomique exigée par le stress environnemental du cycle de compostage. D'autre part il est admis que le stress environnemental conduit à un fort réarrangement génomique aboutissant à l'adaptation et à la persistance dans les conditions hostiles. Dans ce cas et similairement aux autres bactéries soumis sous ces conditions hostiles le génome parait invariable sous les conditions de stress. La réponse à l'adaptation à ces conditions pourrait toucher d'autres mécanismes moléculaires comme le facteur sigma.

L'approche basée sur la caractérisation phénotypique confirmée par l'identification moléculaire était couronnée de succès dans la classification et l'identification des souches de staphylocoques. Cependant, les différentes approches utilisées dans cette étude ont permis de contrôler l'évolution des communautés de SCN au cours d'un cycle de compostage et elles ont montré que la composition et la diversification des communautés SCN sont significativement liées à la composition des déchets à composter et aux paramètres de compostage comme la température, l'étape et ou le temps du cycle de compostage.

Chapitre III

Effets de l'application de compost des ordures ménagères sur la biomasse microbienne dans un sol nu et cultivé en zone semi-aride

1. Evolution de la biomasse microbienne dans un sol amendé de compost

Le climat de la zone Sud-ouest de Tunis est qualifié de climat semi-aride, avec deux saisons bien distinctes: une courte saison pluvieuse et une longue saison sèche (Tableau 9).

Sous climat semi-aride, la minéralisation de la matière organique est rapide. Les résidus de récolte, les composts, les fumiers de ferme, les jachères naturelles sont des sources de matières organiques de qualités différentes. Chaque type d'amendement organique influe, selon sa nature, le stock d'azote et les propriétés physico-chimiques et biologiques du sol. La qualité des amendements organiques et leur capacité de fournir l'azote sont généralement évaluées par le rapport C/N (Stevenson, 1984). Le compost, utilisé dans cette étude, présente un rapport C/N inférieur à 20, donc il se décompose rapidement dans le sol.

En parallèle, il n'a pas été constaté de différence significative entre les valeurs de pH ($P < 0,05$) enregistrées pour les différents traitements étudiés et ceci soit pour le sol nu ou cultivé et durant la saison humide ou sèche (Tableaux 10 et 11). Ainsi, l'apport du compost ou du fumier n'a pas montré d'effet notable sur le pH du sol.

Pour les deux parcelles (nue et cultivée) étudiées, à différentes profondeurs (0-20 et 20-40cm) et ayant reçues des résidus organiques (fumier ou compost), la biomasse C (B_C) ou la biomasse N (B_N) montre une augmentation par rapport au témoin sans amendement. Ceci est dû au fait que l'application du fumier ou du compost entraîne un gain de carbone et d'azote minéralisable qui stimule l'activité et le développement microbiens du sol (Tableaux 12 et 13). L'augmentation de la biomasse microbienne est due à l'apport de la matière organique qui stimule et enrichit en même temps la diversité des microorganismes autochtones du sol (Jedidi *et al.*, 2004). Ce résultat a déjà été observé après apport de divers composts d'origine urbaine (Garcia *et al.*, 2000) ou de fumier (Chowdhury *et al.*, 2000). On remarque aussi que, les teneurs en B_C ou en B_N sont particulièrement importantes dans la première tranche du sol à savoir l'horizon 0 et 20cm comparées à celles enregistrées dans l'horizon un peu plus profond (20-40cm). En effet, l'horizon (0-20cm) s'avère très riche en microorganismes comparés aux horizons inférieurs (tranche de 0-20cm). Ce qui confirme les résultats connus dans la littérature, à ce que la population bactérienne est généralement concentrée dans la région du sol riche en matières organiques (Hassen *et al.*, 1989; Hassen *et al.*, 1992).

Tableau 9. Pluviométrie annuelle enregistrée durant la période d'étude

Année	Pluviométrie cumulée (mm)	
	Sèche	Humide
1999	27,7	470,8
2000	0	396,7
2001	0	320,5
2002	27,6	352,3

Saison sèche: entre mai et août; Saison humide: entre Septembre et Avril. (D'après l'Institut National de Météorologique)

Tableau 10. Variation des valeurs du pH dans le sol nu et traité

Traitements	pH		
	Initial (1999)	SH (2001)	SS (2001)
S	8,1 ± 0,1	8,6 ± 0,2	8,3 ± 0,1
F	8,2 ± 0,1	8,0 ± 0,1	8,5 ± 0,2
F1	8,1 ± 0,1	8,1 ± 0,1	8,7 ± 0,1
C1	8,1 ± 0,1	7,9 ± 0,1	8,4 ± 0,1
C2	8,1 ± 0,1	7,7 ± 0,1	8,7 ± 0,2
C3	8,2 ± 0,1	8,0 ± 0,1	8,6 ± 0,2

S: Sol sans amendement; F: fumier à 40 t ha^{-1}; F1: fumier à 120 t ha^{-1}; C1: Compost à 40 t ha^{-1}; C2: Compost à 80 t ha^{-1}; C3: Compost à 120 t ha^{-1}; SH: Saison humide; SS: Saison sèche; n = 4; ±: Déviation standard.

Tableau 11. Teneurs en matières organiques (%), pH et nombre de microorganismes

Traitements	Matières organiques (%)	pH	Nombre de microorganismes 10^6
S	1,3	7,9 ±	0,20 ± 2,38
S+E	1,3	7,9 ±	0,19 ± 0,09
F	1,6	7,1 ±	0,75 ± 0,57
F+E	1,5	8,0 ±	1,83 ± 0,70
C1	1,6	7,7 ±	3,00 ± 0,09
C1+E	1,8	8,5 ±	5,40 ± 0,30
C2	1,6	7,6 ±	1,10 ± 0,60
C2+E	1,8	8,6 ±	0,60 ± 0,40

S: Sol sans amendement; S + E: Sol + Fertilisant chimique; F: Sol + Fumier de ferme à 40 t ha^{-1}; F + E: Sol + Fumier de ferme + Fertilisant chimique; C1: Sol + Compost à 40 t ha^{-1}; C1 + E: Sol + Compost C1 + Fertilisant chimique; C2: Sol + Compost à 80 t ha^{-1}; C2 + E: Sol + Compost C2 + Fertilisant chimique; ±: Déviation standard.

1. 1. Cas de la parcelle nue

1. 1. 1. Evolution de la biomasse microbienne

Au début de l'expérience, les valeurs du carbone et d'azote de la biomasse microbienne B_C et B_N du sol sont respectivement de l'ordre de 240 mg C kg^{-1} et 7,42 mg N kg^{-1}. Les valeurs de B_C ou B_N sont toujours plus importantes dans les sols amendés comparés à celles enregistrées dans le sol non amendé. Jedidi *et al.* (2004) ont observé une augmentation du carbone et de l'azote de la biomasse microbienne après l'application de résidus organiques et ils ont expliqué cette augmentation de la biomasse microbienne B_C et B_N par la disponibilité du carbone organique dans les résidus organiques. L'application du fumier ou du compost des ordures ménagères affecte le carbone et l'azote, et indirectement l'activité microbienne; ce changement est observé immédiatement après l'application du compost (Garcia *et al.*, 2000) ou du fumier de ferme (Chowdhury *et al.*, 2000). La variation de la biomasse microbienne (B_C et B_N) est toujours marquée par une variation saisonnière, caractérisée surtout par des hausses en saison pluvieuse et des baisses en saison sèche (Figure 16). Ces variations ont été enregistrées par différentes équipes en zone tempérée (Collins *et al.*, 1992; Vong *et al.*, 1990). Cette variation saisonnière est expliquée par la présence de différents types de microorganismes dans le sol à chaque période de l'année (Alexander, 1977). L'alternance des saisons (saison humide et saison sèche) favorise, à l'arrivée des pluies, une réelle «explosion» de l'activité microbienne hétérotrophe; donc consommatrice de matières organiques (Dommergue et Mangenot 1970; Wetselaar et Ganry 1982). Wu et Brookes (2005) ont observé une augmentation de l'activité microbienne après séchage et réhydratation du sol. Le changement brutal et rapide en eau potentielle peut causer un choc osmotique stimulant la lyse cellulaire et la libération de substances labiles intracellulaires (Van Gestel *et al.*, 1992). Sparling et Ross (1988) ont considéré que l'augmentation de l'azote minéralisé, après séchage et réhydratation du sol, dérive de la biomasse microbienne tuée. De même, West *et al.* (1989) ont suggéré que l'augmentation du carbone organique, extrait du sol après séchage et réhydratation du sol, provient du carbone libéré des microorganismes tués. Le séchage du sol cause en moyenne une diminution de l'ordre de 13% de la taille de la biomasse microbienne B_C (Mondini *et al.*, 2002).

1. 1. 2. Relation entre le carbone et l'azote de la biomasse microbienne

Une bonne relation linéaire entre le carbone et l'azote de la biomasse microbienne, au niveau de l'horizon supérieur du sol à savoir 0-20cm et durant la saison humide, a été observée avec les coefficients r de 0,95; 0,86 et 0,80 respectivement pour les années consécutives 2000, 2001 et 2002 (Figure 16).

La même relation linéaire entre B_C et B_N au niveau de l'horizon un peu plus profond de 20-40cm a été enregistrée avec les coefficients suivants r = 0,96; 0,69 et 0,89 respectivement pour les années consécutives 2000, 2001 et 2002 (Figure 16). De même, Jedidi *et al.* (2004) ont observé la même relation linéaire entre B_C et B_N dans un sol amendé et dans les conditions du laboratoire. Franzluebbers *et al.* (1995) ont trouvé la même relation linéaire B_C et B_N avec r = 0,86. D'autre part, Anderson et Domsh (1980) ont proposé la relation linéaire suivante B_C = a B_N avec a =6,66.

Les résultats obtenus dans ce travail montrent clairement que les valeurs de la B_C et B_N obtenues en saison humide sont en général plus importantes que celles enregistrées en saison sèche. En plus, ces valeurs de la B_C et B_N sont généralement plus élevées dans l'horizon superficiel (0-20cm) comparées à celles de l'horizon un peu plus profond de 20-40cm au début et durant toutes les années de traitement (Figure 16). Ces résultats sont en accord avec ceux cités dans la littérature et indiquant que la population

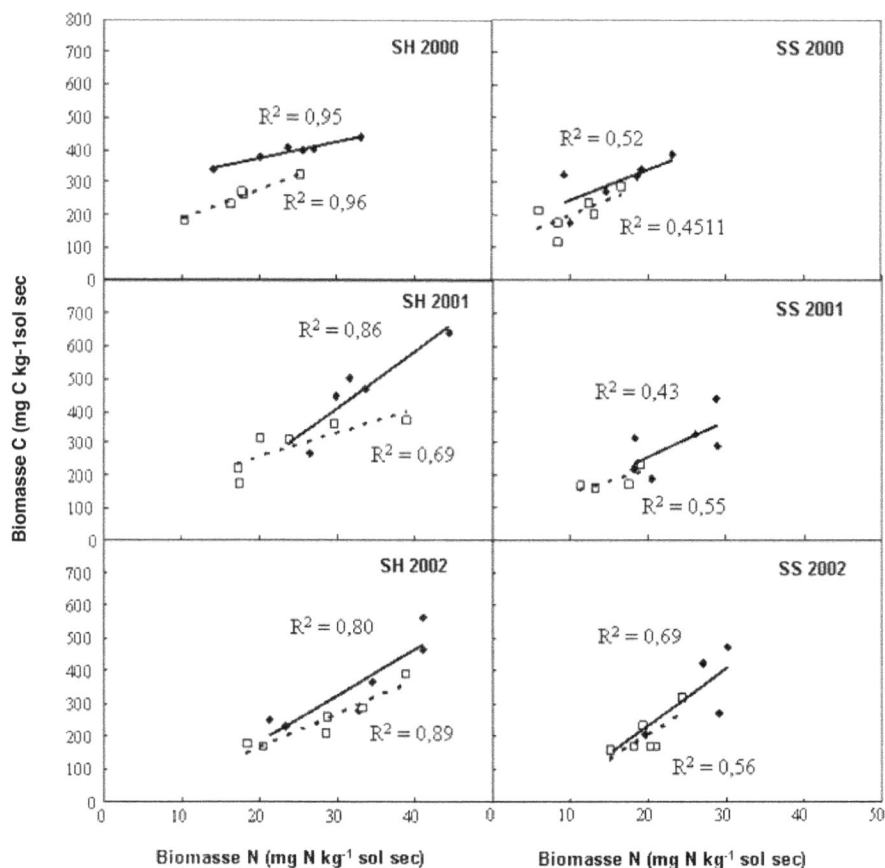

Figure 16. Relation entre la biomasse C et la biomasse N

— 0-20cm •••• 20-40cm

microbienne est généralement concentrée dans le profil du sol riche en matières organiques. Généralement, la taille de la biomasse microbienne diminue avec la profondeur du profil du sol (Castellazzi *et al.*, 2004).

1. 2. Cas de la parcelle cultivée

1. 2. 1. Effet de la dose du compost sur la biomasse microbienne

L'application de fertilisants chimique ou organique a pour effet d'augmenter les valeurs de la B_C et B_N après une année d'expérimentation (Tableaux 12 et 13). La biomasse microbienne de la parcelle cultivée et amendée de compost des ordures ménagères à 40 t ha^{-1} (C1) est sensiblement plus importante comparée à celle (B_C et B_N) obtenue après amendement de compost à 80 t ha^{-1} (C2).

Pour l'horizon superficiel 0-20cm, les valeurs de la biomasse C du sol amendé avec le compost C1 et C2 sont respectivement de 657,7 et 369,0 mg N kg^{-1}, alors que, les valeurs de la biomasse N sont respectivement de 23,8 et 13,3 mg C kg^{-1}. Ainsi, l'application d'une dose de 40 t ha^{-1} du compost présente un effet positif sur la croissance des microorganismes comparée à la dose de 80 t ha^{-1}. Jedidi *et al.* (2004) ont recommandé l'incorporation de la dose 40 t ha^{-1} de compost au sol *in vitro* et sur champ. Les résultats dans cette étude révèlent que l'augmentation de la dose du compost de 40 à 80 t ha^{-1} a pour effet de diminuer significativement les valeurs de la biomasse C et la biomasse N. Ainsi, à forte dose de 80 t ha^{-1}, le compost manifeste un effet toxique et inhibiteur de la biomasse microbienne.

Les valeurs de la biomasse C et N dans le sol amendé de compost à 40 t ha^{-1} s'avèrent toujours significativement différentes comparées à celles trouvées dans le sol amendé de fumier à 40 t ha^{-1}. Cependant, Jedidi *et al.* (2004) n'ont pas trouvé de différence significative entre B_C et B_N de compost ou de fumier à 40 t ha^{-1} au laboratoire. En effet, le compost des ordures ménagères utilisé au cours de cette étude apparaît plus chargé en matières organiques et en microorganismes comparé au fumier (Tableau 11). Les mêmes résultats sont reportés par Jedidi *et al.* (2004).

En conséquence, le couplage d'apport de fertilisants chimiques et de résidus organiques (compost à 40 t ha^{-1} ou 80 t ha^{-1} ou fumier de ferme à

40 t ha^{-1}) a pour effet d'augmenter les valeurs de la biomasse C et N après une et deux années d'application.

1. 2. 2 Effet cumulatif de l'application de compost dans le sol cultivé

L'évolution de la B_C de la parcelle cultivée, après deux années d'amendement organique (2002), indique que les traitements étudiés peuvent être distribués en deux principaux groupes (Tableau 12): le premier groupe, contenant le traitement témoin (S), les résultats obtenus durant la première année 2001 sont analogues à ceux obtenus en 2002. Contrairement pour le second groupe, contenant les autres traitements, il y a une augmentation de la biomasse C après la deuxième année 2002.

D'autre part, la progression de la biomasse N observée durant la première année est différente de celle obtenue au cours de la deuxième année et tous les traitements montrent une augmentation de l'azote de la biomasse microbienne. Ces résultats sont significatifs pour les deux horizons étudiés 0-20 et 20-40cm (Tableau 13). Le principal effet cumulatif de l'application du compost des ordures ménagères est l'enrichissement de l'horizon profond par la biomasse microbienne. Ce résultat est obtenu après deux années d'amendement avec C1 comparé au sol sans amendement et avec les autres traitements.

Il est important de signaler que pour mieux expliquer l'effet cumulatif de l'application des résidus organiques, une étude à long terme en plein champ est nécessaire.

Tableau 12. Evolution de la biomasse C de la biomasse N (mg kg^{-1}) et du rapport BC/BN dans la parcelle amendée et cultivée au niveau de l'horizon superficiel (0-20 cm)

	Biomasse C		Biomasse N		Biomasse	
	2001	2002	2001	2002	2001	2002
S	254 ± 5 α	230 ± 22 α	10,3 ± 0,5	10,1 ± 0,4 β	24,6	22,7
S+E	922 ± 10 e	1359 ± 12 f	17,4 ± 0,1 c	42,4 ± 1,1 e	52,9	36,3
F	366 ± 11 b	505 ± 74 b	13,7 ± 2,1 b	28,5 ± 3,6 b	26,7	17,7
F+E	625 ± 9,1 c	795 ± 49 d	23,4 ± 0,4 d	38,6 ± 2,6 d	24,2	20,6
C1	657 ± 3,5 c	982 ± 110 e	23,8 ± 0,8 d	35,3 ± 2,7 d	27,6	27,8
C1+E	766 ± 18 d	1359 ± 59 f	27,1 ± 0,3 e	44,2 ± 2,6 e	28,3	30,7
C2	369 ± 23 b	442 ± 39 c	13,3 ± 0,1 b	22,1 ± 1,6 c	27,7	20,1
C2+E	543 ± 14 c	762 ± 16 d	18,8 ± 2,1 c	42,5 ± 1,3 e	28,8	17,9

B_C ou B_N: Biomasse C ou N; (a. b. c...): Les moyennes des colonnes affectées de la même lettre ne sont pas significativement différentes conformément au test de Student-Newman-Keuls à P < 0,05. n = 4; (α. β. γ ...): Les moyennes des lignes affectées de la même lettre ne sont pas significativement différentes conformément au test de Student-Newman-Keuls à P<0,05. ±: Déviation standard; S: Sol sans amendement; S + E: Sol + Fertilisant chimique; F: Sol + Fumier de ferme à 40 t ha^{-1}; F +E: Sol + Fumier de ferme + Fertilisant chimique; C1: Sol + Compost à 40 t ha^{-1}; C1 + E: Sol + Compost + Fertilisant chimique; C2: Sol + Compost à 80 t ha^{-1}; C2 + E: Sol + Compost + Fertilisants chimiques.

Tableau 13. Evolution de la biomasse C de la biomasse N (mg kg^{-1}) et du rapport BC/BN dans la parcelle amendée et cultivée au niveau de l'horizon un peu profond (20-40 cm)

	Biomasse		Biomasse N		Biomasse	
	2001	2002	2001	2002	2001	2002
S	233,5 ± 67,1 β	140,0 ± 11,5	8,76 ± 0,5	8,9 ± 0,8 β	26,6	15,7
S+E	699,5 ± 10,7 d	268,6 ± 5,0 c	15,0 ± 1,4 c	26,8 ± 0,5 j	46,6	10,0
F	308,5 ± 34,3	398,5 ± 5,0 e	10,6 ± 0,8 b	12,6 ± 0,8 b	29,1	31,6
F+E	626,2 ± 11,1 d	711,4 ± 51,4	18,9 ± 0,7 d	18,6 ± 1,4 e	33,1	38,2
C1	520,0 ± 36,2 c	561,0 ± 35,5	17,3 ± 0,6 d	16,6 ± 0,1 d	30,0	
C1+	603,0 ± 11,5	840,0 ± 5,0 b	22,7 ± 0,1 e	21,8 ± 0,1 f	26,6	38,5
C2	337,4 ± 26,3 b	461,4 ± 11,5	10,5 ± 0,4 b	13,6 ± 0,5 c	32,1	33,9
C2+	472,5 ± 16,9	717,1 ± 7,1 d	17,5 ± 0,3 d	19,8 ± 0,1d	27,0	36,2

B_C ou B_N: biomasse C ou N; (a. b. c...): Les moyennes des colonnes affectées de la même lettre ne sont pas significativement différentes conformément au test de Student-Newman-Keuls à P< 0,05. n = 4; (α. β. γ ...): Les moyennes des lignes affectées de la même lettre ne sont pas significativement différentes conformément au test de Student-Newman-Keuls à P<0,05. ±: Déviation standard; S: Sol sans amendement; S + E: Sol + Fertilisant chimique; F: Sol + Fumier de ferme à 40 t ha^{-1}; F + E: Sol + Fumier de ferme + Fertilisant chimique; C1: Sol + Compost à 40 t ha^{-1}; C1 + E: Sol + Compost + Fertilisant chimique; C2: Sol + Compost à 80 t ha^{-1}; C2 + E: Sol + Compost + Fertilisant chimique.

1. 2. 3. Progression de la biomasse microbienne dans un sol nu ou cultivé

Les valeurs du rapport B_C/B_N mesurées dans les sols amendés indiquent la dominance de trois types différents de communautés microbiennes. En effet, une hétérogénéité dans les communautés microbiennes est observée particulièrement dans le sol cultivé, avec des rapports de B_C/B_N de l'ordre de 22,7 pour le sol sans amendement, de 17,7 pour le fumier et de 27,8 à 29,1 pour le compost des ordures ménagères au niveau de l'horizon superficiel 0-20cm (Tableau 14). Cependant, dans l'horizon un peu profond 20-40cm, les rapports B_C/B_N sont essentiellement de deux types: un rapport B_C/B_N de 15,7 pour le sol sans amendement et de 31,6 pour le fumier et 33,7 à 33,9 pour le compost des ordures ménagères (Tableau 15). La rhizosphère est considérée comme une interface entre les plantes et le sol; elle est riche en matières organiques, qui a pour effet de stimuler la biomasse microbienne. En effet, la rhizosphère des plantes est un environnement dynamique où plusieurs facteurs affectent la structure et la composition de la communauté microbienne colonisant les racines. La communauté microbienne associée avec la rhizosphère peut varier avec les espèces des plantes (Grayston *et al.*, 1998), le type du sol (Campbell *et al.*, 1997) et la pratique culturale à savoir la rotation ou le labour (Diekow *et al.*, 2005). En effet, le labour augmente la porosité du sol et contribue au développent de l'activité microbienne. Cependant, Lupwayi *et al.* (2004) ont montré que l'absence de labour augmente la B_C dans l'horizon 0-5cm du sol.

Tableau 14. Variation des rapports B_C/B_N en fonction du type, de la dose de l'amendement et de l'occupation du sol au niveau de l'horizon 0-20cm

Année	Rapport	Sol	Traitements			
			S	F	C1	C2
2001	B_C/B_N	Sol nu	10,1	13,9	9,9	15,9
		Sol cultivé	24,6	26,7	27,6	27,7
2002	B_C/B_N	Sol nu	11,7	11,3	13,7	10,5
		Sol cultivé	22,7	17,7	27,8	29,1

S: Sol sans amendement; F: Sol + Fumier de ferme à 40 t ha^{-1}; C1: Sol + Compost à 40 t ha^{-1}; C2: Sol + Compost à 80 t ha^{-1}.

Tableau 15. Variation des rapports B_C/B_N en fonction du type, de la dose de l'amendement et de l'occupation du sol au niveau de l'horizon 20-40cm

Année	Rapport	Sol	Traitements			
			S	F	C1	C2
2001	B_C/B_N	Sol nu	10,1	12,1	9,5	15,6
		Sol cultivé	24,6	29,1	30	32,2
2002	B_C/B_N	Sol nu	9,5	8,6	10	8,9
		Sol cultivé	15,7	31,6	33,7	33,9

S: Sol sans amendement; F: Sol + Fumier de ferme à 40 t ha^{-1}; C1: Sol + Compost C1 à 40 t ha^{-1}; C2: Sol + Compost à 80 t ha^{-1}.

1. 2. 4. Commentaire sur la formule de détermination de la biomasse C et N

Dans cette étude, les rapports B_C/B_N mesurés apparaissent fortement variables et sont relativement importants comparés à ceux cités dans la littérature. Après les trois années d'application de résidus organiques dans le sol, les rapports de la biomasse microbienne B_C/B_N au niveau de l'horizon superficiel 0-20cm ont variés entre 15,1 et 21,3 pour le sol nu et entre 17,7 et 36,3 pour le sol cultivé. D'autre part, les rapports B_C/B_N dans l'horizon plus profond (20-40cm) ont fluctués entre 14,5 et 16,6 pour le sol nu et entre 10 et 36,2 pour le sol cultivé. Cependant, Jenkinson (1988) a trouvé un rapport B_C/B_N aux alentours de 6,7 pour plusieurs sols nus. Ainsi, Ocio et Brookes (1990) n'ont pas observé de perceptibles variations dans les rapports de la biomasse microbienne B_C/B_N après l'application de la paille dans le sol.

Cette variation des rapports B_C/B_N peut être reliée à la variation de la population microbienne qui est associée au type d'application de résidus organiques. Tate *et al.* (1988) ont indiqué qu'il existe une variation des valeurs du rapport B_C/B_N qui changera avec les genres de microorganismes présents dans le sol et ces communautés microbiennes varient avec le type de sol.

Les valeurs de 0,35 pour k_{ec} et de 0,68 pour k_{en} sont utilisées par Jedidi *et al.* (2004) pour le même sol mais dans les conditions du laboratoire. De même, ces auteurs ont rapporté des valeurs élevées des rapports de B_C/B_N. Le résultat obtenu en plein champ révèle la même élévation des rapports B_C/B_N de la biomasse microbienne du sol. D'où, nous recommandons l'utilisation de 0,45 pour k_{ec} et k_{en} comme il a été rapporté initialement par Jenkinson *et al.* (2004) et ceci pour plusieurs types de sol.

La méthode de fumigation-extraction par le chloroforme présente deux principaux facteurs limitant: (i) la détermination des facteurs k_{ec} et k_{en} dépendant de la nature et du nombre de microorganismes dans le sol et (ii) cette méthode ne donne aucune idée sur la composition de la communauté microbienne. Pour ces raisons, la méthode de quantification de l'ADN a été comparée à la méthode de fumigation-extraction par le chloroforme dans différents sols (Leckie *et al.*, 2004). Cette méthode d'extraction d'ADN a été proposée comme étant une alternative à la méthode de fumigation-extraction pour la mesure de la biomasse microbienne du sol.

Conclusion

L'application du compost mûr des ordures ménagères à une dose convenable, à savoir 40 t ha^{-1}, montre généralement un effet positif sur la biomasse microbienne B_C et B_N dans les sols nus et cultivés à différentes profondeurs (0-20 et 20-40cm). D'autre part, l'application de ce compost dans le sol a pour effet d'augmenter les teneurs de la matière organique et contribue à la diversification microbienne. Cette biomasse microbienne apparaît plus importante au niveau de l'horizon superficiel à savoir 0-20cm du sol comparée à celle enregistrée dans l'horizon un peu profond de 20-40cm. Dans cette étude, la biomasse microbienne B_C ou B_N apparaît généralement plus importante dans le sol cultivé avec du blé que dans le sol nu. En plus, cette biomasse microbienne est plus importante durant la saison humide comparée à celle enregistrée durant la saison sèche. Pour la détermination de la biomasse microbienne, dans le sol étudié et en zone semi aride, l'utilisation des coefficients 0,35 et 0,68 respectivement pour k_{ec} et k_{en}, n'apparaît pas efficace.

Les valeurs du rapport B_C/B_N mesurées dans les sols amendés indiquent la dominance de trois types différents de communautés microbiennes. En effet, une hétérogénéité dans les communautés microbiennes est observée particulièrement dans le sol cultivé, avec des rapports de B_C/B_N de l'ordre de 22,7 pour le sol sans amendement, de 17,7 pour le fumier et de 27,8 à 29,1 pour le compost des ordures ménagères au niveau de l'horizon superficiel 0-20cm. Cependant, dans l'horizon un peu profond 20-40cm, les rapports B_C/B_N sont essentiellement de deux types: un rapport B_C/B_N de 15,7 pour le sol sans amendement et de 31,6 pour le fumier et 33,7 à 33,9 pour le compost des ordures ménagères. La rhizosphère est considérée comme une interface entre les plantes et le sol; elle est riche en matières organiques, qui a pour effet de stimuler la biomasse microbienne. En effet, la rhizosphère des plantes est un environnement dynamique où plusieurs facteurs affectent la structure et la composition de la communauté microbienne colonisant les racines.

La biomasse microbienne du sol peut être utilisée comme un indicateur sensible du changement environnemental du sol. La méthode de fumigation-extraction par le chloroforme peut être la méthode la plus attirante, rapide, reproductible et prédictible pour une analyse quantitative préliminaire de la biomasse microbienne du sol. Des nouvelles méthodes moléculaires (ARDRA, LH-PCR, Séquençage) pourraient être intéressantes pour une éventuelle analyse qualitative de la composition de la biomasse microbienne.

Chapitre IV

Influence de compost sur la biomasse microbienne: Estimation comparative basée sur la méthode fumigation extraction et l'extraction de l'ADN

1. Carbone organique total extractible (COT_{ext}) et azote organique extractible (Norg $_{ext}$)

L'étude des teneurs en carbone organique total au niveau de la parcelle cultivée montre un effet positif d'enrichissement du sol suite à l'application des amendements organiques, ceci après trois années d'application du compost ou du fumier de ferme. En effet, pour le sol sans amendement, on observe un accroissement de 22% pour le fumier de ferme, 48% pour le compost à 40 t ha^{-1} et 245% pour le compost à 80 t ha^{-1} (Tableau 16). Les mêmes résultats sont obtenus par Kaschl *et al.* (2002) qui ont noté une augmentation du taux de matières organiques d'un sol après addition d'un compost mûr d'ordures ménagères. Egalement, on a montré dans ce travail que le compost des ordures ménagères utilisé durant cette expérimentation, apparaît plus chargé en matières organiques et en microorganismes comparé au fumier. Les composts à 40 et à 80 t ha^{-1} augmentent notablement le taux de COT et cette augmentation s'avère moins importante pour le cas du fumier. De même, les résultats obtenus par Eghbal (2002) ont montré, qu'après quatre années d'application du compost et du fumier de ferme, il en résulte une nette augmentation du taux de la matière organique dans le sol amendé de compost comparée à celle obtenue pour le cas du sol amendé de fumier de ferme.

Les teneurs en azote organique du sol augmentent aussi par l'application de la matière organique. Suite à l'application du fumier et du compost à 40 t ha^{-1}, les valeurs de l'azote organique sont respectivement de 88 et 94% (Tableau 16). A une dose de compost de 80 t ha^{-1}, on a obtenu l'augmentation la plus notable de l'azote organique qui est de 241%. Le fumier de ferme et le compost C1 appliqués au sol induit la même augmentation de l'azote organique. Cependant, on a observé une différence significative entre le sol traité par le compost C1 et le sol traité par le fumier de ferme ou du compost C2.

2. Quotients microbiens

Les quotients microbiens (B_C / COT_{ext}) sont regroupés dans le Tableau 16. On a toujours observé une augmentation de ce quotient après les amendements. En effet, le sol témoin présente un quotient B_C / COT_{ext} de 5,9; ce quotient augmente pour le fumier qui est de 10,5 et de 13,5 pour le compost à 40 t ha^{-1}. Cependant, on a marqué une diminution de ce quotient avec le compost à 80 t ha^{-1} (4,77). Les résultats obtenus dans cette étude sont conformes à ceux rapportés par Garcia-Gill *et al* (2000). Ceci s'explique par le fait que la dose élevée de compost enrichisse le sol en carbone organique sous forme d'humus plus qu'il ne l'enrichisse en carbone de la biomasse microbienne.

Le quotient microbien (B_N / $Norg_{ext}$) a augmenté après l'apport de compost à 40 t ha^{-1} (C1) et du fumier de ferme à 40 t ha^{-1} et les valeurs sont respectivement de 39,68 et de 47,57, (Tableau 16). Cependant, le compost à 80 t ha^{-1} (C2) diminue le quotient de l'azote microbien et il est de 17,0. Ces résultats montrent que l'apport du compost à une dose élevée a pour effet d'enrichir le sol en azote organique à la place de l'azote microbien.

Tableau 16. Carbone organique total, azote organique totale et quotient microbien

	pH	COT_{ext}	$B_C(\%)$	B_C	$Norg_{ext}$	$B_N (\%)$	B_N
S	8,57 ±	1,10±	6,51±	5,9	0,17 ±	4,52±	26,6
F	8,63 ±	1,35 ±	14,30±	10,5	0,32 ±	12,70	39,7
C1	8,49 ±	1,63 ±	22,10±	13,5	0,33 ±	15,70	47,6
C2	8,60 ±	3,88 ±	18,20	4,70	0,58 ±	9,90 ±	17,0

COT_{ext}: Carbone organique total extractible par la solution K_2SO_4; $Norg_{ext}$: Azote organique totale extractible par la solution K_2SO_4; B_C/COT_{ext} et $B_N/Norg_{ext}$: Quotients microbiens; S: Sol sans amendement; F: Fumier de ferme à 40 t ha^{-1}; C1: Compost à 40 t ha^{-1}; C2: Compost à 80 t ha^{-1}; (a. b. c...): Les moyennes des colonnes affectées de la même lettre ne sont pas significativement différentes conformément au test de Student-Newman-Keuls à $P< 0,05$; n = 3; ±: Déviation standard.

3. Effet du compost sur l'évolution de la biomasse microbienne dans le sol amendé

Le carbone et l'azote de la biomasse microbienne dans le sol non traité (Témoin, sans amendement) apparaissent significativement différents de ceux enregistrés dans le sol traité, amendé (Figure 17). L'application du compost ou du fumier implique une augmentation de la B_C et de la B_N et une élévation de la concentration en ADN extrait du sol. Ainsi, les teneurs de la biomasse microbienne B_C ou B_N et la concentration en ADN extraits du sol cultivé et amendé avec le compost à 40 t ha^{-1} sont significativement différentes de celles observées dans le sol cultivé avec le compost à 80 t ha^{-1} ($P < 0,05$). On a noté que les teneurs en ADN extrait de la biomasse microbienne du sol amendé de compost à 40 t ha^{-1} sont supérieures à celles enregistrées dans le sol amendé de compost à 80 t ha^{-1} (Figure 17 c). Ces résultats pourraient être expliqués par le fait que cette dose de compost mature est connue comme la meilleure dose pour une croissance optimale des microorganismes. Ainsi, le compost à 40 t ha^{-1} induit une croissance élevée des microorganismes comparée à celle observée pour le compost à 80 t ha^{-1}, et supportant la suggestion faite par Jedidi *et al.*

(2004). Ces auteurs ont utilisé le compost à 40 t ha^{-1}, dans les conditions du laboratoire et ont recommandé cette dose sur champ. Les résultats obtenus dans cette étude révèlent que l'application du compost à la dose de 80 t ha^{-1} a pour effet de réduire la B_C, la B_N et la concentration de l'ADN extrait de la biomasse microbienne. Ces résultats pourraient être expliqués par un effet inhibiteur ou toxique de la dose de 80 t ha^{-1}. La biomasse microbienne B_C et B_N dans le sol amendé de compost à 40 t ha^{-1}, apparaît significativement différente de celle obtenue dans le sol amendé avec le fumier à 40 t ha^{-1}. Cependant, Jedidi *et al.* (2004) n'ont pas trouvé de différence significative dans les valeurs de la biomasse microbienne du sol amendé de compost ou du fumier à 40 t ha^{-1} obtenues dans une étude de laboratoire. De même, les teneurs en ADN de la biomasse microbienne extraites du sol amendé de compost s'avèrent plus importante comparées à celles obtenues pour le cas du sol amendé de fumier de ferme. Ces résultats pourraient être expliqués par le fait que le compost augmente l'activité microbienne conservatrice de carbone par rapport au fumier de ferme.

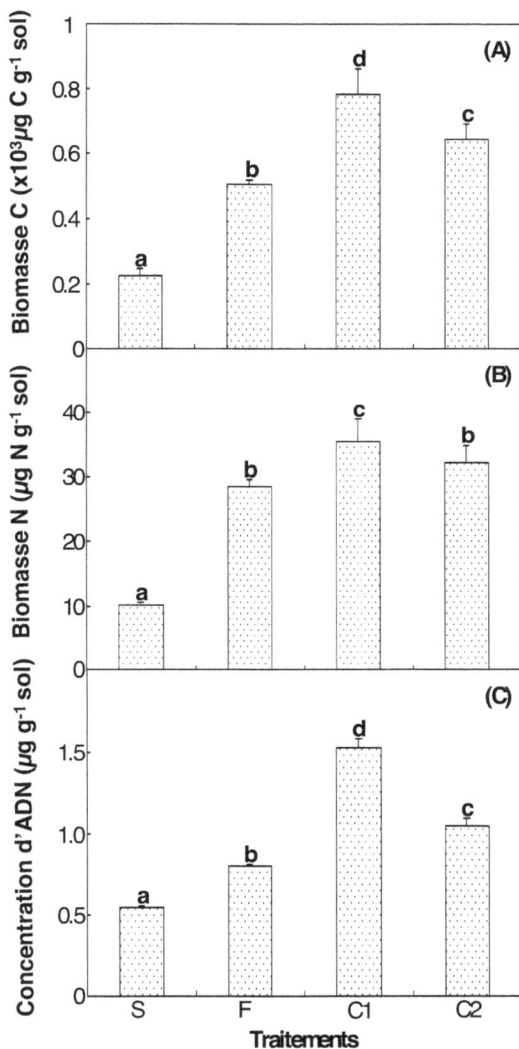

Figure 17. Influence de la dose du compost sur la biomasse C (A),

biomasse N (B) et la concentration de l'ADN (C).

Les moyennes affectées par la même lettre ne sont pas significativement différentes selon le test Newmann et Keuls test à $P < 0.05$; les bars représentent la déviation standard.

4. Impuretés de l'acide humique et des protéines dans le sol amendé

L'ADN de la biomasse du sol se trouve toujours essentiellement contaminé par les acides humiques et fulviques ou par les protéines. Ces acides ou ces protéines interfèrent avec la précision de la quantification de l'ADN par mesure de l'absorbance à 260 nm (Tebbe et Vahjen, 1993; Kuske *et al.*, 1998). Les techniques d'extraction de l'ADN utilisées n'éliminent pas totalement les résidus humiques (Tableau 17), puisque les rapports *A260 /A230* et *A260 /A280* de l'ADN du sol apparaissent toujours notablement inférieurs à ceux souvent enregistrés pour l'ADN extrait des cultures microbiennes pures (Zhou *et al.*, 1996).

L'extrait de l'ADN du sol amendé de compost à 40 t ha^{-1} présente un rapport *A260 /A280* et *A260 /A230* élevés comparés aux autres traitements. Le traitement du sol avec le fumier de ferme présente le plus faible rapport observé dans cette étude. Ces résultats pourraient être expliqués par le fait que le sol amendé par le fumier contient une forte proportion d'acide humiques et de protéines interférant au cours de l'extraction de l'ADN. Les baisses valeurs de la biomasse microbienne B_C et B_N et de la concentration de l'ADN de la biomasse microbienne dans le sol amendé par le compost à 80 t ha^{-1} ne pourraient pas être expliquées par l'inhibition de l'acide humique et de protéines. Ces résultats pourraient être expliqués par l'existence d'autres substances inhibitrices représentées surtout par l'effet cumulatif des concentrations de métaux lourds dans le sol après trois années d'application successives de compost.

Tableau 17. Comparaison du rendement et de la pureté de l'ADN extrait du sol amendé

Traitements	ADN (μg ADN g^{-1} sol	A_{260}/A_{280}	A_{260}/A_{230}
S	0,54 ± 0,06	1,23 ± 0,05b	0,84 ±
F	0,81 ± 0,05	1,05 ± 0,05a	0,71 ±
C1	1,52 ± 0,04	1,38 ± 0,02c	0,98 ±
C2	1,04 ± 0,04	1,2 ± 0,03b	0,86 ±
Culture pure		1,89	1,57

S: Sol sans amendement; F: Fumier de ferme à 40 t ha^{-1}; C1: Compost à 40 t ha^{-1}; C2: Compost à 80 t ha^{-1}; ±: Déviation standard; n = 3 déterminé par spectrophotométrie à 260 nm (A_{260}), 280 nm (A_{280}) et 230 nm (A_{230}); (a. b. c...): Les moyennes des colonnes affectées de la même lettre ne sont pas significativement différentes conformément au test de Student-Newman-Keuls à P< 0,05.

5. Effets des métaux lourds sur la biomasse microbienne

Les teneurs en métaux lourds de différents amendements du sol montrent une augmentation de Cd, Ni, Cr, Zn, Cu et Pb avec l'addition du compost (Tableau 18). Le quotient microbien est considéré comme un bon indicateur de la pollution métallique des sols: plus le sol est enrichi en métaux lourds, plus ce quotient est faible (Brookes, 1995). La réduction de ce rapport comme indicateur de la pollution métallique du sol a été proposée par d'autres études (Chander et Brookes, 1991; Fliessbach et Reber, 1992). Dans les conditions semi-arides, la biomasse microbienne du sol est le sujet de variation saisonnière qui influe ce rapport. Les résultats de cette étude montrent que la dose élevée du compost à savoir 80t ha^{-1} présente les rapports B_C / COT_{ext} et B_N / $Norg_{ext}$ les plus faibles (Tableau 16). Cette diminution du quotient microbien peut être aussi due, d'après Garcia-Gill *et al.* (2000), à une haute condensation et à un degré d'humification élevé de la matière organique caractérisée par une résistance à l'attaque microbienne.

Tableau 18. Métaux lourds dans les différents traitements de sol cultivé

	Cd	Pb	Cr	Ni	Cu	Zn
	(ppm)					
S	1,1 ± 0,1a	70,4 ± 13a	37,6 ± 4,6a	31,8 ± 3,8a	53,1 ±2,7a	96,9 ± 3,8a
F	1,6 ± 0,2b	111 ± 6,2b	48,7 ± 3,5b	47,3 ± 4,0b	72,9 ±4,5b	116 ± 2,1b
C1	2,3 ± 0,2c	135 ± 6,6c	77,0 ± 10c	53,4 ± 3,1c	93,7 ± 4,5c	190 ± 19c
C2	2,9 ± 0,3d	158 ± 12d	88,3 ± 10d	71,6 ± 5,7d	111±10,2d	216 ± 12d

(a. b. c...): Les moyennes des colonnes affectées de la même lettre ne sont pas significativement différentes conformément au test de Student-Newman-Keuls à P< 0,05. n = 4; ±: Déviation standard; S: Sol sans amendement; F: Sol + fumier de ferme à 40 t ha[-1]; C1: Sol + Compost C1 à 40 t ha[-1]; C2 : Sol + Compost C2 à 80 t ha[-1].

6. Relation entre l'ADN de la biomasse microbienne, la biomasse C et la biomasse N

Les résultats obtenus montrent, qu'il existe une relation linéaire entre la biomasse C et la biomasse N (Figure 18). D'un coté, Franzluebbers et al. (1995) ont rapporté une relation linéaire entre la biomasse C et la biomasse N. De même, Jedidi et al. (2004) ont trouvé une relation linéaire entre la biomasse C et la biomasse N dans un sol traité par le compost après 2, 4 et 8 semaines d'incubation au laboratoire. Ainsi, les résultats obtenus au cours de ce travail indiquent une relation linéaire entre la biomasse C et la concentration de l'ADN illustrée dans la Figure 19 B.

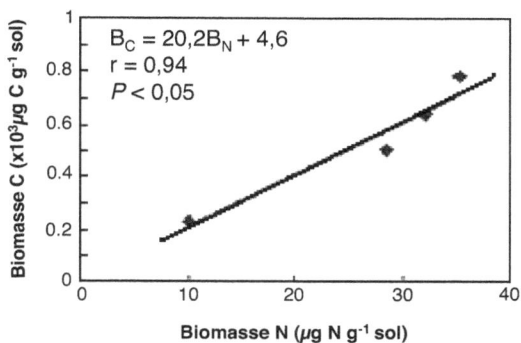

Figure 18. Relation entre la biomasse N et C

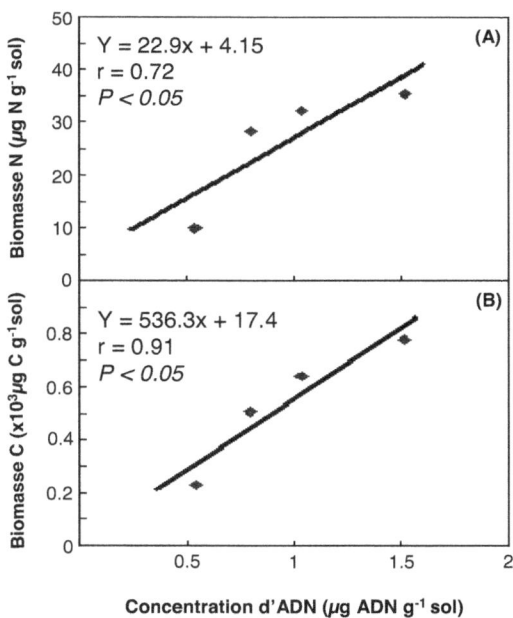

Figure 19. Relation entre la concentration d'ADN,
la biomasse N (A) et la biomasse C (B) dans le sol cultivé

La concentration de l'ADN et la biomasse C apparaissent hautement corrélées, avec r = 0,91 (Figure 19 B). Néanmoins, les teneurs de l'ADN extrait de la biomasse microbienne sont généralement proportionnelles à celles enregistrées pour la biomasse C, et cette dernière semble souvent donner de bonnes valeurs de la biomasse microbienne du sol. Les mêmes résultats ont été obtenus par Marstorp *et al.* (2000) qui ont trouvé une forte relation entre la biomasse C, estimée par la méthode de fumigation-extraction par le chloroforme, et la concentration de l'ADN dans un sol minéral. Ces auteurs ont suggéré que la méthode d'extraction de l'ADN pourrait être utilisée pour la mesure de la biomasse microbienne dans un sol agricole enrichi avec de la matière organique. Ces résultats sont cependant différents de ceux cités par Griffiths *et al.* (1997) qui n'ont pas trouvé de relation entre B_C et la concentration de l'ADN dans un sol minéral incubé avec des métaux lourds et en conditions de laboratoire. Aussi, Leckie *et al.* (2004) ont rapporté qu'il n'y a pas de relation entre la concentration de l'ADN et la biomasse C dans un sol humique de forêt. Les teneurs de l'ADN de la biomasse et de la biomasse C enregistrées dans cette étude dans le sol non amendé ne diffèrent pas significativement de celles déterminées dans les autres traitements étudiés (Figure 19 B). Il y'a cependant une relation linéaire entre la biomasse N et la concentration de l'ADN (Figure 19 A). La concentration de l'ADN et la biomasse N apparaissent hautement corrélées, avec r = 0,72 (Figure 19 A). Cette bonne relation suggère que la détermination des teneurs d'ADN de la biomasse microbienne pourrait être bien utilisée comme une alternative fiable d'estimation de la biomasse N d'un sol agricole. Les valeurs enregistrées de l'ADN de la biomasse ou pour la biomasse N dans le sol non amendé ne présentent pas de différence significative avec celles des autres traitements étudiés (Figure 19 A). Le dénombrement microbien n'a pas présenté de corrélation avec l'extraction de l'ADN (Tableau 19). Ces résultats pourraient être expliqués par le fait que les microorganismes viables et cultivables représentent seulement 1 à 10% du nombre des microorganismes total de sol. Ainsi, l'extraction de l'ADN microbien implique une extraction totale de l'ADN des microorganismes du sol, incluant les viables cultivables et les viables non cultivables et même l'ADN des microorganismes libres dans le sol. Le coefficient de variation de la méthode d'extraction de l'ADN s'avère plus faible que celui enregistré pour la méthode fumigation-extraction par le chloroforme (Tableau 20). Ces résultats indiquent que la méthode de quantification de l'ADN pourrait servir comme une bonne alternative à la méthode de fumigation-extraction par le chloroforme pour l'estimation de la biomasse microbienne dans les sols cultivés et amendés.

Tableau 19. Matrice de corrélation Pearson entre la biomasse C (B_C), la biomasse N (B_N), l'ADN de la biomasse et le nombre des microorganismes

	B_C	B_N	ADN	Nombre des
B_C	1	0,91*	0,92*	- 0,41
B_N		1	0,83*	- 0,46
ADN			1	- 0,32
Nombre des				1

$n = 3$; *: ($P < 0,01$).

Tableau 20. Coefficients de variation (%) de la biomasse C (B_C), la biomasse N (B_N) et la concentration de l'ADN microbien dans le sol cultivé et amendé

Traitements	Biomasse C	Biomasse N	ADN de la biomasse
S	9,70	3,90	1,8
F	14,8	12,6	6,2
C1	11,2	7,60	2,6
C2	6,10	4,90	2,8

S: Sol sans amendement; F: Sol + fumier de ferme à 40 t ha[-1]; C1: Sol + Compost C1 à 40 t ha[-1]; C2: Sol + Compost C2 à 80 t ha[-1].

Conclusion

L'application du compost des ordures ménagères à 40 t ha^{-1} s'avère comme la meilleure dose puisqu'elle a pour effet d'améliorer la biomasse microbienne dans un sol cultivé avec du blé. Les quotients microbiens (B$_C$ / COT$_{ext}$ ou B$_N$ / Norg$_{ext}$) sont toujours élevés après amendement de fumier ou de compost à 40 t ha^{-1} comparés au sol témoin 13,5 Cependant, on a marqué une diminution de ces quotients avec le compost à 80 t ha^{-1}. Ces résultats montrent que l'apport du compost à une dose élevée a pour effet d'enrichir le sol en carbone organique sous forme d'humus et en azote organique à la place du carbone et de l'azote de la biomasse microbienne.

D'autre part, l'application du compost à forte dose de 80 t ha^{-1} a pour effet d'enrichir le sol métaux lourds qui exercent un effet négatif sur la croissance de la biomasse microbienne du sol. D'autre part, il existe une relation linéaire entre les valeurs de la biomasse C et celles de la biomasse N. Il existe aussi une relation linéaire entre la biomasse C et la concentration de l'ADN. La concentration de l'ADN et la biomasse C apparaissent hautement corrélées, avec r = 0,91. Néanmoins, les teneurs de l'ADN extrait de la biomasse microbienne sont généralement proportionnelles à celles enregistrées pour la biomasse C, et cette dernière semble souvent donner de bonnes valeurs de la biomasse microbienne du sol. Il y'a cependant une relation linéaire entre la biomasse N et la concentration de l'ADN. La concentration de l'ADN et la biomasse N apparaissent hautement corrélées, avec r = 0,72. Cette bonne relation suggère que la détermination des teneurs d'ADN de la biomasse microbienne pourrait être bien utilisée comme une alternative fiable d'estimation de la biomasse N d'un sol agricole. Les valeurs enregistrées de l'ADN de la biomasse ou pour la biomasse N dans le sol non amendé ne présentent pas de différence significative avec celles des autres traitements étudiés

Le coefficient de variation de la méthode d'extraction de l'ADN s'avère plus faible que celui enregistré pour la méthode fumigation-extraction par le chloroforme. Ces résultats indiquent que la méthode de quantification de l'ADN pourrait servir de bonne alternative à la méthode de fumigation-extraction par le chloroforme pour l'estimation de la biomasse microbienne dans les sols cultivés et ou amendés.

CONCLUSION GENERALE

Le compostage représente une décomposition biologique et une stabilisation des substrats organiques dans des conditions qui permettent l'élévation de la température, résultat d'une production calorifique d'origine biologique, avec obtention d'un produit final suffisamment stable pour le stockage et l'utilisation sur les sols sans impacts négatifs sur l'environnement.

Cette étude a permis de suivre la composition et la diversification des espèces de staphylocoques au cours du cycle de compostage et de suivre l'effet du compost sur l'évolution de la biomasse microbienne. Les résultats les plus importants montrent que les ordures ménagères tunisiennes sont riches en matières biodégradables et elles montrent un taux d'humidité élevé. Par conséquent, elles se prêtent bien au compostage par fermentation; IL y a une évolution identique des différentes phases aussi bien pour l'étape de digestion que pour l'étape de maturation. Néanmoins, l'étape de digestion apparaît plus active et c'est le résultat de la présence d'une large variabilité de substrats mis à composter et d'une diversité microbiologique non spécifique; L'approche basée sur la caractérisation phénotypique confirmée par l'identification moléculaire était couronnée de succès dans la classification et l'identification des souches de staphylocoques; La composition et la diversification des communautés SCN sont significativement liées aux paramètres de compostage comme la température, l'étape et ou le temps du cycle de compostage; L'application du compost mûr des ordures ménagères à une dose convenable, à savoir 40 t ha^{-1}, montre généralement un effet positif sur la biomasse microbienne B_C et B_N dans les sols nus et cultivés. D'autre part, l'application de ce compost dans le sol a pour effet d'augmenter les teneurs de la matière organique et contribue à la diversification microbienne; Cette biomasse microbienne apparaît plus importante au niveau de l'horizon superficiel à savoir 0-20cm du sol comparée à celle enregistrée dans l'horizon un peu profond de 20-40cm. Dans cette étude, la biomasse microbienne B_C ou B_N apparaît généralement plus importante dans le sol cultivé avec du blé que dans le sol nu. En plus, cette biomasse microbienne est plus importante durant la saison humide comparée à celle enregistrée durant la saison sèche; Pour la détermination de la biomasse microbienne, dans le sol étudié et en zone semi aride, l'utilisation des coefficients 0,35 et 0,68 respectivement pour k_{EC} et k_{EN}, n'apparaît pas efficace; L'application du compost à forte dose de 80 t ha^{-1} a pour effet d'enrichir le sol en carbone, en azote organique et en métaux lourds qui exercent un effet négatif sur la croissance de la biomasse microbienne du sol; Il existe une bonne relation entre les valeurs de la biomasse C, de la biomasse N et de l'ADN microbien du sol; Le coefficient de variation de la méthode d'extraction de l'ADN s'avère plus faible que celui enregistrée pour la méthode fumigation-extraction par le chloroforme. Ces résultats indiquent que la méthode de quantification de l'ADN pourrait servir de bonne alternative à la méthode de fumigation-extraction par le chloroforme pour l'estimation de la biomasse microbienne dans les sols cultivé et/ou amendé.

REFERENCES BIBLIOGRAPHIQUES

Adams T. M et Adams S. N. 1983. The effects of liming and soil pH on carbon and nitrogen contained in the soil biomass. J Agricultural Sci, 101; 553– 558.

Alberti G. 1984. Aspects bactériologiques du compostage des boues résiduaires de station d'épuration d'eau. Thèse de $3^{\text{ème}}$ cycle. Université de Nancy I, France, 200 p.

Alexander M. 1977. Introduction to soil Microbiology, 2nd John Wileyson, New York.

Amner W., Mc Carthy A.J et Edwards C. 1988. Quantitative assessment of factors affecting the recovery of indigenous and release thermophilic bacteria from compost. Appl Environ. Microb, 54; 3107-3112.

Anderson J. P. E et Domsch K. H. 1978. A physiological method for the quantitative measurement of microbial biomass in soils. Soil Biol Biochem, 10; 215-221.

Anderson J. P. E et Domsch K. H. 1980. Quantities of plant nutrients in the microbial biomass of selected soils. Soil Sci, 130; 211-216.

Anderson T. H et Domsch K. H. 1989. Ratios of microbial biomass carbon to total organic carbon in arable soils. Soil Biol Biochem, 21; 471-479.

Bailey V. L., Peacock A. D., Smith J. L et Bolten H. J. 2002. Relationships between soil microbial biomass determined by chloroform fumigation-extraction, substrate-induced respiration, and phospholipid fatty acid analysis. Soil Biol Biochem, 34; 1385-1389.

Barry T., Colleran G., Glennon M., Dunican L. K et Gannon F. 1991. The 16S/23S ribosomal spacer region as a target for DNA probes to identify eubacteria. PCR Methods Appl, 1; 51-56.

Bateman D. F et Beer S. V. 1965. Simultaneous production and synergistic action of oxalic acid and polygalacturonase during pathogenesis by Sclerotium rolfsii. Phytopathology, 55; 204-211.

Beffa T., Lott Fischer, J., Arago, M., Selldorf, P., Gandolla et Mand Gumowski, P. 1994. Etude du développement de moisissures potentiellement allergéniques (en particulier (*Aspergillus fumigatus)* au cours du compostage en suisse. Swiss Federal Environmental Office (OFEFP-BUWAL, référence RD/OFEFP/310. 92.84), pp. 1-95.

Ben Ayed L., Hassen A., Jedidi N., Saïdi N., Bouzaiane O et Murano F. 2005. Caractérisation des paramètres physico-chimiques et microbiologiques au cours d'un cycle de compostage d'ordures ménagères. Déchets-Revue Francophone d'écologie industrielle, 40; 4-11.

Ben Kahla-Nakbi A., Besbes A., Bakhrouf A. 2006. Survival of Vibrio fluvialis in seawater under starvation conditions. Microbiol Res. in press.

Blaiotta G., Pepe O., Mauriello G., Villani F., Andolfi R et Moschetti G. 2002. 16S-23S rDNA intergenic spacer region polymorphism of *Lactococcus garvieae*, *Lactococcus raffinolactis* and *Lactococcus lactis* as revealed by PCR and nucleotide sequence analysis. Sys Appl Microbiol, 25; 520-527.

Bremner J. M. 1965. Inorganic forms of nitrogen. In Methods of Analysis. Part 2. Chemical and Microbial Properties (C.A.Blak et al., Eds), pp. 1179-1237. American Society of Agronomy, Madison.

Brookes P. C. 1995. The use of microbial parameters in monitoring soil pollution by heavy metals. Biol Fert Soils, 19; 269-279.

Brookes P. C., Powlson D. S et Jenkinson D. S. 1984. Phosphorus in the soil microbial biomass. Soil Biol Biochem, 16; 169-175.

Brookes P. C., Landman A., Pruden G et Jenkinson D.S. 1985. Chloroform fumigation and the release of soil nitrogen: a rapid direct extraction method to measure microbial biomass nitrogen in soil. Soil Biol Biochem, 17; 837-842.

Campbell C. D., Grayston S. J. et Hirst D. J. 1997. Use of rhizosphere carbon sources in soil carbon source tests to discriminate soil microbial communities. Microbiol Methods, 30; 33-41.

Castellazzi M. S., Brookes P. C et Jenkinson D. S. 2004. Distribution of microbial biomass down soil profils under regenerating woodland. Soil Biol Biochem, 36; 1485-1489.

Chantigny M. H., Angers D. A., Prévost D., Vézina L-P et Chaufour F-P. 1997. Soil aggregation and fungal and bacterial biomass under annual and perennial cropping systems Soil Sci Soc Am J, 61; 262-267.

Chefetz B., Hatcher P. G., Hadar Y et Chen Y. 1998. Characterization of Dissolved Organic Matter Extracted from Composted Municipal Solid Waste. Soil Sci Soc Am J, 62; 326-332.

Collins H. P., Rasmussen P. E et Douglas C. L. J. R. 1992. Crop rotation and residue management effects on soil carbon and microbial dynamics. Soil Sci Soc Am J, 56; 783-788.

Coppola S., Mauriello G., Aponte M., Moschetti G et Villani F. 2000. Microbial succession during ripening of Naples-type salami, a southern Italian fermented product. Meat Science, 56; 321-329.

Chander K et Brookes PC. 1991. Is the dehydrogenase assay invalid as a method to estimate microbial activity in copper-contaminated soils? Soil Biol Biochem, 23; 909-915.

Chowdhury M. A. H., Kounou K., Ando T et Nagaoka T. 2000. Microbial biomass, S mineralisation and S uptake by African millet from soil amended with various composts. Soil Biol Biochem, 32; 845-852.

Chung Y. R et Hointink H. A. 1990. Interactions between thermophilic fungi and *Trichoderma hamatum* in suppression of Rhizoctonia damping-off in a bark compost-amended container medium. Phytopathology, 80; 73-77.

Crawford D. L. 1988. Biodegradation of agricultural and urban wastes. In: Goodfellow M, Williams ST, Mordarski M (Eds): Actinomycetes in Biotechnology. Academic Press, London.

Davet P. 1996. Vie microbienne du sol et production végétale. INRA Editions. 89-328.

Debosz K., Petersen S. O., Kure L. K et Ambus P. 2002. Evaluating effects of sewage sludge and household compost on soil physical, chemical and microbiological properties. Appl Soil Ecol, 19; 237– 248.

Deportes I. 1997. Contribution des risques liés au compostage des ordures ménagères. Thèse de doctorat de l'université Joseph Fourier Grenoble. 235p.

Diekow J., Mielniczuk J., Knicker H., Bayer C., Dick D. P et Kogel-Knabner, I. 2005. Carbon and nitrogen stocks in physical fractions of a subtropical Acrisol as influenced by long- term cropping systems and N fertilisation. Plant Soil, 268, 319.

Dommergues Y. R et Mangenot F. G. 1970. Ecologie microbienne du sol. Paris Masson, 795 p.

Eady R. R., Robson R. L et Smith B. E. 1988. Alternative and conventional nitrogénase. In The nitrogen and sulfur cycles, J.A. Cole et S.J. Ferguson Ed., Cambridge University Press, 363-382.

Eghball B. 2002. Soil proprieties as influenced by phosphorus and nitrogen-based manure and compost applications. Agron J, 94; 128-135.

Epstein E. 1997. Basic Concepts. In: The Science of Composting. Technomic publishing company, Lancaster, Pennsylvania, 36-39.

Ferchichi M. 2002. Solid Waste Management in Tunisia. Proceedings of International Symposium on Environmental Pollution Control and Waste Management, Tunisia, 748-754.

Fliessbach A et Reber H H. 1992. Effects of long- term sewage sludge applications on soil microbial parameters. In: Hall, J. E., Sauerbeck, D.

R., L'Hermite, P. (Eds), Effects of Organic Contaminants in Sewage Sludge on Soil Fertility, Plants and Animals. Document no. EUR14236. Office for Official Publications of the European Community, Luxembourg;. p. 184-292.

Forsman P., Tilsala-Tlmisjärvi A et Alatossava T. 1997. Identification of staphylococcal and streptpcoccal causes of bovine mastitis using 16S-23S rRNA spacer regions. Microbiology, 143; 3491-3500.

Franzluebbers A. T., Hons F. M et Zuberer D. A. 1995. Soil organic carbon, microbial biomass and miniralizable carbon and nitrogen in sorghum. Soil Sci Soc Am J, 59; 460-466.

Freney J., Brun Y., Bes M., Meugnier H., Grimont F., Grimont P. A. D., Nervi C et Fleurette J. 1988. *Staphylococcus lugdunensis* sp. nov. and *Staphylococcus schleiferi* sp. nov. two species from human clinical specimens. Int J Syst Bacteriol, 38; 168-172.

Fujio Y et Kume S. J. 1991. Isolation and identification of thermophilic bacteria from swage sludge compost. J Ferment Bioeng, 72; 334-337.

Gaby W. L. 1975. Evaluation Of health hazards associated with solid waste / swedge sludge mixture, EPA 670/2-75-023.

Gallardo A et Schiesinger W. H. 1990. Estimation of microbial biomass nitrogen by the fumigation-incubation and fumigation-extraction in warm temperate forest soil. Soil Biol Biochem, 22; 927-932.

Garcia C., Hermandez T et Costa F. 1994. Microbial activity in soils under Mediterranean environmental conditions. Soil Biol Biochem, 26; 1081-1084.

Garcia-Gil J. C., Plaza C., Soler-Rovira P et Polo A. 2000. Long term effects of minicipal solid waste compost appication on soil enzyme activities and microbial biomass. Soil Biol Biochem, 32; 1907-1913.

Garcia C., Roland A et Hernandez T. 1997. Changes in microbial activity after abandonment of cultivation in a semi-arid mediterranean environment. J Environ Qual, 26; 285-291.

Gillet R. 1986. Traité de gestion des déchets solides et son application aux pays en voie de développement. Vol. 2: les traitements industriels des ordures ménagères et des déchets assimilés. Organisation et gestion d'un service, 538p.

Golueke C. G. 1978. Composting: a study of the process and its principles. Rodale press ins emmans pa 18048 2nd printing: 97p.

Grayston S. J., Wang S., Campbell C. D et Edwards A. C. 1998. Selective influence of plant species on microbial diversity in the rhizosphere. Soil Biol Biochem, 30; 369-378.

Griffiths B. S., Diaz-Ravina M., Ritz K., McNicol J.W, Abblewhite N et Baath E. 1997. Community hybridization and %G + C profils of microbial communities from heavy metal polluted soils. FEMS Microbiol Ecol, 24; 103-112.

Guckert A., Thune T et Jacquin F. 1975. Microflore et stabilité structurale des sols. Rev. Ecol Biol Sol, 12; 211-223.

Guene O. 2002. Integrated Traditional Composting within Domestic Solid Waste Management. Proceedings of International Symposium on Environmental Pollution Control and Waste Management, Tunisia. 349-356.

Gupta V. V. et Germida J. J. 1988. Distribution of microbial biomass and its activity in different soil agregete size classes as affected by cultivation. Soil Biol Biochem, 20; 777-786.

Gürtler V. 1993. Typing of *Clostridium difficile* strains by PCR-amplification of variable length 16S-23S rDNA spacer regions. J Gen Microbiol, 139; 3089-3097.

Gürtler V et Barrie H. D. 1995. Typing of *Staphylococcus aureus* strains by PCR-amplification of variable length 16S-23S rDNA spacer regions: characterization of spacer sequences. Microbiology, 141; 1255-1265.

Gürtler V et Stanisich V.A. 1996. New approaches typing and identification of bacteria using the 16S-23S rDNA spacer regions. Microbiology, 142; 3-16.

Hachicha R et Ghoul M. 1991. Compostage des Déchets Urbains: Contribution à l'Etude des Paramètres Physico-Chimiques et Microbiologiques. Revue de l'INAT, 6 ; 5-17.

Hachicha R., Hassen A., Jedidi N et Kallali H. 1992. Optimal Conditions for Municipal Solid Waste Biocycle, 6; 76-77.

Hamrouni H. 1987. Contribution à l'Etude du Compost et du Compostage des Ordures Ménagères. Mémoire de fin d'études du cycle de spécialisation. INAT, 80p.

Hassen A., Jedidi N., Elloumi M., M'hiri A et Berthelin J. 1989. Dynamique des nitrates et des bactéries fécales dans les sols en cases lysimétriques après apport des eaux usées. Revue de l'I.N.A. Tunisie, 4; 49-67.

Hassen A., Filali N., Jedidi N., Kallali H., Beji A et Mougou A. 1992. Valorisation des eaux usées en agriculture. Evaluation de la contamination bactériologique du sol, de la nappe et de la culture. Archs. Inst. Pasteur Tunisie, 69(3-4); 307-325.

Hassen A., Jedidi N., Cherif M., M'hiri A., Boudabous A et van cleemput O. 1998. Mineralization of nitrogen in a clayey loamy soil amended with organic waste residues enriched with Zn, Cu and Cd. Bioressource Technol, 64; 39-45.

Hassen A., Belguith K., Jedidi N., Cherif A., Cherif M et Boudabbous A. 2001. Microbial Characterization during Composting of Municipal Solid Waste. Bioressource technol, 80; 185-192.

Hardy V., Klaus F et Thomas T. 1993. Quality Physical Characteristics Nutriment Content Heavy Metals and Organic Chemicals in Biogenic Waste Compost. Compost Sci Util, 1; 69-87.**Hay J. C**. 1996. Pathogen destruction and bio-solids composting. Biocycle, Juin, 67-76.

He X.T., Logan T.J et Traina S.J. 1992. Physical and Chemical Characteristics of Selected U.S Municipal Solid Waste Composts. J Environ Qual, 24; 543-552.

Hellmann B., Zelles L., Palojarvi A et Bai Q. 1997. Emission of Climate-Relevant Trace Gases and Succession of Microbial Communities during Open-Windrow Composting. Appl Environ Microbiol, 63; 1011-1018.

Hoppe-Seyler T., Jaeger B., Bockelmann W., Noordman W., Geis A., Heller AKJ. 2004. Molecular identification and differentiation of Staphylococcus species and strains of cheese origin. Syst Appl Microbiol, 27; 211-218.

Houot S. 2000. Valorisation de Composts en Protection des Cultures. Tech Sci Municipales, 10; 34-39.

Hue N. V et Liu J. 1995. Predicting Compost Stability. Compost Sci Util, 3; 8-15.

Hu S., Grunwald N. J., Van Bruggen A. H. C., Gamble G. R., Drinkwater L. E., Shennan C. et Demment M. H. 1997. Short term effects of cover crop incorporation on soil carbon pools and nitrogen availability. Soil Sci Soc Am J, 61; 901-911.

Inbar Y., Chen Y et Hadar Y. 1990. Humic Substances Formed during the Composting of Organic Matter. Soil Sci Soc AM J, 54; 1316-1323.

Jedidi N., Van Cleemput O., Mhiri A et Hachicha R. 1991. Utilisation du Carbone Marqué ^{14}C pour l'Etude de la Mminéralisation de Trois Types de Compost des Ordures Ménagères. Revue de l'INAT, 6; 63-79.

Jedidi N., Hassen A., Van Cleemput O et M'hiri A. 2000. Caractérisation du Compost et des Résidus Urbains Utilisés comme Amendements Organiques dans le Sol. Revue de l'INAT, 15; 1-16.

Jedidi N., Hassen A., Van Cleemput O et M'hiri A. 2004. Microbial biomass in soil amended with different types of organic wastes. Waste Manage Res 1-7.

Jenkinson D. S et Powlson D. S. 1976 a. The effects of biocidal treatments on metabolism in soil – I. Fumigation with chloroform. Soil Biol. Biochem, 8; 167-177.

Jenkinson D. S et Powlson D. S. 1976 b. The effects of biocidal treatments on metabolism in soil – v. A method for measuring soil biomass. Soil Biol. Biochem, 8; 209-213.

Jenkinson D. S. 1988. Determination of microbial biomass carbon and nitrogen in soil. In: Wilson, J. R. (ed.) Advances in Nitrogen Cycles in Agricultural Ecosystems, pp. 368-386. CAB International, Wallingford, UK.

Jenkinson D. S. Brookes P. C et Powlson D. S. 2004. Measuring soil microbial biomass. Soil Biol Biochem, 36; 5-7.

Jensen M. A. et Straus N. 1993. Effect of PCR conditions on the formation of heteroduplex and single-ded DNA products in the amplification of bacterial ribosomal DNA spacer regions. PCR Methods Appl, 3; 186-194.

Jensen M. A., Webster J. A et Straus N. 1993. Rapid identification of bacteria on the basis of polymerase chain reaction- amplified ribosomal DNA spacer polymorphisms. Appl Environ Microbiol, 59; 945-952.

John J. F, Gramling P. K et O' Dell N. M. 1978. Species identification of Coagulase-negative staphylococci from urinary tract infcections. J Clin Microbiol, 8; 435-437.

Kamath U, Singer C et Isenberg H. D. 1992. Clinical significance of staphylococcus warneri bacteremia. J Clin Microbiol, 30; 261-264.

Kaschi A., Romheld V et Chen Y. 2002. The influence of soluble organic matter from municipal solid waste compost on trace metal leaching in calcareous soils. Sci Total Environ, 29; 45-57.

Kloos W. E et Bannerman T. L. 1999. Staphylococcus and Micrococcus, p264-282. In Murray PR, Baron EJ, Pfaller MA, Tenover FC, Yolken

RH. (ed.). Manual of clinical microbiology, 7th ed. American Society for Microbiology, Washington, DC.

Kuske C. R., Banton K. L., Adorada D. L., Stark P. C., Hill K. K et Jackson P. J. 1998. Small-scale DNA sample preparation method for field PCR detection of microbial cells and spores in soil. Appl Environ Microbiol, 64; 2463-2472.

Lacey J. 1997. Actinomycetes in compost. Ann Agric Environ Med, 4; 113-121.

Lagacé L., Pitre M., Jacques M et Roy D. 2004. Identification of the Bacterial Community of Maple Sap by Using Amplified Ribosomal DNA (rDNA) Restriction Analysis and rDNA Sequencing. Appl Environ Microbiol, 70; 2052-2060.

Larney F. J., Yanke L. J., Miler J. J et McAllister T. A. 2003. Fate of Coliform Bacteria in Composted Beef Cattle Feedlot Manure. J Environ Qual, 32; 1508-1515.

Leckie S. E., Prescott C. E., Grayston S. J., Neufeld J. D et Mohn W.W. 2004. Comparison of chloroform fumigation-extraction, phospholipid fatty acid, and DNA methods to determine microbial biomass in forest humus. Soil Biol Biochem, 36; 529-532.

Lina G., Etienne J et Vandenesch F. 2000. Biology and pathogenicity of staphylococci other than staphylococcus aureus and S. Epiermidis, p 450-462. In: Fischetti V. A., Novick R. P., Ferretti J. J., Portnoy D. A. et Rood J. I. (ed). Gram-positive pathogenes. American Society for Microbiology, Washington, DC.

Lupwayi N. Z., Clayton G. W., O'Donovan J. T., Harker K. N et Rice W. A. 2004. Soil microbiological properties Tur-kington, during decomposition of crop residues under conventional and zero tillage. Can J Soil Sci, 84; 411– 419.

Lynch J. M. 1981. Promotion and-inhibition of soil agregate stabilization by micro-organisms. J Gen Microbiol, 126; 371-375.

Marchal N., Bourdon J. L et Richard C. L. 1987. Milieux de culture pour l'isolement et l'identification biochimique des bactéries. Doin éditeurs, 3ème édition.

Marrie T. J., Kwan C., Noble M. A., West A et Duffield L. 1982. Staphylococcus saprophyticus as a cause of urinary tract infections. J Clin Microbiol, 16; 427-431.

Marrug C., Grebus M., Hassen R. C., Keener H. M et Hoitink H. A. J. 1993. A kinetic Model of Yard Waste Composting Process. Compost Sci Util, 1; 38-51.

Marstorp H., Guan X et Gong P. 2000. Relationship between dsDNA, chloroform labile C and ergosterol in soils of different organic matter contents and pH. Soil Biol Biochem, 32; 879-882.

Martin M. A., Pfaller M. A et Wenzel R. P. 1989. Coagulase-negative staphylococcal bacterimia. Ann Intern Med, 110; 9-16.

Mendoza M, Meugnier H, Bes M, Etienne J et Freney J. 1998. Identification of Staphylococcus species by 16S-23S rDNA intergenic spacer PCR analysis. Int. J. Syst. Bacteriol, 48; 1049-1055.

Mondini C., Contin M., Leita L et De Nobili M. 2002. Response of microbial biomass to air-drying and rewetting in soils and compost. Geoderma, 105 (1-2); 111-124.

Mustin M. 1987. Le Compost: gestion de la matière organique. Editions François Dubusc. Paris. 953p.

Nakazaki K., Shoda M et Kubota H. 1985. Effect of temperature on composting of swage sludge. Appl. Environ. Micobiol, 50;1526-1530.

Nicolardot B et Chaussod R. 1986. Mesure de la biomasse dans les sols exlaves.III. Approche cinétique et estimation simplifiée de l'azote facilement minéralisable. Rev Ecol Biol sol, 23 ; 233-247.

Ocio J.A et Brookes P.C. (1990): An evaluation of methods wheat straw and the characterization of the biomass that develops. Soil Biol Biochem. 22, 685-694.

Ogram A., Sayler G. S et Barkay T. 1987. The extraction and purification of microbial DNA from sediments. J Microbiol Meth, 7; 57- 66.

Paul E. A et Johnson R. L. 1977. Microscopic counting and adenosine 5'-triphosphate measurement in determining microbial growth in soils. Appl. Environ Microbiol, 34; 263-269.

Peacock A. D., Mullen M. D., Ringelberg D. B., Tyler D. D., Hedrick D. B., Gale P. M. et White D. C. 2001. Soil microbial community responses to dairy manure or ammonium nitrate. Soil Biol Biochem, 33; 1011–1019.

Petruzzelli G. 1996. Heavy metals in compost and their effect on soil quality. In: De Bertoldi M., Sequi P., Lemmes B., Papi, T., (eds), The Sciences of composting, pp. 213-223.

Perez P. A., Edel H. V, Alabouvette C. et Steinberg C. 2006 . Response of soil microbial communities to compost amendments. Soil Biol Biochem, 38; 460-470.

Ros M., Hernandez T., Garcia C et Pascual J. A. 2005. Biopesticide effects of green composts against Fusarium wilt on melon plants. J Appl Microbiol, 98; 845 –854.

Ros M., Pascual J. A., Garcia C., Hernandez M. T et Insam H. 2006. Hydrolase activities, microbial biomass and bacterial community in a soil alter long-term amendment with different composts. Soil Biol Biochem, 18; 3443-3452.

Ross D. J. 1987. Soil microbial biomass estimated by the fumigation-incubation procedure seasonal fluctuation and influence of soil moisture content. Soil biol biochem, 19; 397-404.

Ross D. J. 1990. Estimation of soil microbial biomass C by fumigation-extraction method: Influence of caisson, soils and calibration with the fumigation-incubation procedure. Soil Biol Biochem, 22; 289-294.

Ross D. J., Sparling G. P et Wet A. W. 1987. Soil microbial biomass estimated by the fumigation-incubation procedure seasonal fluctuation and influence of soil moisture content. Soil Biol Biochem, 19; 97- 404.

Rossi F., Tofalo R., Torriani S et Suzzi G. 2001. Identification by 16S-23S rDNA intergenic region amplification, genotypic and phenotypic clustering of Staphylococcus xylosus strains from dry sausages. J Appl Microbiol, 90; 365-371.

Ryckeboer J., Mergaert J., Coosemans K., Deprins K et Swings J. 2003. Microbiological Aspects of Biowaste during Composting in a Monitored Compost J Appl Microbiol, 94; 127-133.

Schmidt E. L. et Belser L.W. 1994. Autotrophic Nitrifying Bacteria. In: Soil Science Society of America, 677S. Segoe Rd., Madison, WI53711, USA. Methods of Soil Analysis, Part 2. Microbiological and Biochemical Properties-SSSA- Book Series, n: 5.

Shen S. M., Hart P. B. S et Jenkinson D. S.1989. The nitrogen cycle in the brad balk weat experment: [15]N labeled fertilizer residues in soil microbial biomass. Soil Biol Biochem, 21; 529-533.

Sparling G. P et Ross D. J. 1988. Microbial contributions to the increased nitrogen mineralisation after air-drying of soils. Plant Soil, 105; 163-167.

Steffan R. J. et Atlas R. M. 1988. DNA amplification to enhance detection of genetically engineered bacteria in samples. Appl Environ Microbiol, 54; 2185-2191.

Steffan R. J., Goksoyr J., Bej A. K. et Atlas R. M. 1988. Recovery of DNA from soils and sediments. Appl Environ Microbiol, 54; 2908-2915.

Steinberg C., Edel-Hermann V., Guillemaut C., Perez P. A., Singh P. et Alabouvette C. 2004. Impact of organic amendments on soil suppressiveness to diseases. In: Sikora R. A., Gowen S., Hauschild R. et Kiewnick S. (Eds.). Multitrophic Interactions in Soil and Integrated Control IOBC wprs Bulletin, 27; 259–266.

Stentiford E. I. 1996. Composting Control: Principals and Practice. In: De Bertoldi.M, Sequi.P, Lemmes.B, Papi.T (Eds), The Sciences of Composting. Blackie Academic and professional, Glasgow, UK, p. 49-59.

Stevenson J. F. 1984. Humus Chemistry, Genesis, Composition, Reactions. John Wiley & son, New York.

Stevenson F. J. 1994. Humus Chemistry: Genesis, Composition, Reactions, 2nd ed. John Wiley & Sons, New York.

Strom P. F. 1985. Identification of thermophilic bacteria in solid waste composting. Applied Environ Microbiol, 50; 906-913.

Suler D. J et Finstein, M. S. 1977. Effect of temperature, aeration, and moisture on CO_2 formation in bench-scale, continuously thermophilic composting of solid waste. Appl Environ Microbiol, 33; 345-350.

Tammy L. B., Gary A. H., Fred C. T et Michael M. J. 1995. Pulsed-Field Gel Electrophoresis as a Replacement for Bacteriophage Typing of *Staphylococcus aureus*. J Clin Microbiol, 33; 551-555.

Tate R L. (1987). Soil Organic Matter: Biological and Ecological Effects. Wiley, New York. p. 98-99.

Tate K. R., Ross D. J et Feltham C. W. 1988. A direct extraction method to estimate soil microbial C: effects of experimental variables and some different calibration procedures. Soil Biol Biochem, 20; 329-335.

Tebbe C et Vahjen W. 1993. Interference of humic acids and DNA extracted directly from soil in detection and transformation of recombinant DNA from bacteria and yeast. Appl Environ Microbiol, 59; 2657-2665.

Tisdall J. M. 1991. Fungal hyphac and structural stability of soil. Aust J Soil Res, 29; 729-743.

Trevors J. T., Lee H et Cook S. 1992. Direct extraction of DNA from soil. Microbiology Releases, 1; 111-115.

Vance E. D., Brookes P. C et Jenkinson D. S. 1987. Microbial biomass measurements in forest soils: determination of K_C values and tests of hypotheses to explain the failure of the chloroform fumigation-incubation method in acid soils. Soil Biol Biochem, 19; 689-696.

Van Gestel M., Ladd J. N et Amato M. 1992. Microbial response to seasonal change and imposed drying regimes at increased depths of undisturbed topsoil profils. Soil Biol Biochem, 24; 103-111.

Van Schaik W et Abee T. 2005. The role of δ^B in the stress response of Gram-positive bacteria-targets for food preservation and safety. Curr Opin Biotech, 16; 218-224.

Vong P. C., Kabibou I et Jacquin F. 1990. Etude des corrélations entre biomasse microbienne et différentes fractions d'azote organique présentées dans deux sols Lorrains. Soil Biol Biochem, 22; 385-399.

Voroney R., Winter P et Gregorich E. G. 1991. Microb/ plant soil interactions.p.77-99. InD.C.coleman and B. Fry (ed) carbon isotope techniques. Academic Press, New York.

Wetselaar R. et Ganry F. 1982. Nitrogen balance in tropical agrosystem: p, 1-35. In Microbiology of tropical soils and plant productivity. Dommergues Y.R., Diem H.G. (eds), Martinus Nijhoff and W. Junk. The Haque.

Westblom T. U., Gorse G. J., Milligan T. W et Schindzielorz A. H. 1990. Anaerobic endocarditis caused by staphylococcus saccharolyticus. J Clin Microbiol, 28; 2818-2819.

West A. W., Sparling G. P. P et Speir T.W. 1989. Microbial activity in gradually dried or rewetted soils as governed by water and substrate availability. Aust J Soil Res, 27; 747-757.

Witter E., Martensson A. M et Garcia F. V. 1993. Size of the soil microbial biomass in a long term field experiment as affected by different N-fertilizers and organic manures. Soil Biol Biochem, 25; 659-669.

Wu J et Brookes P.C. 2005. The proportional mineralisation of microbial biomass and organic matter caused by air-drying and rewetting of a grassland soil. Soil Biol Biochem, 37; 507-515.

Zhou J., Bruns M. A et Tiedje J. M. 1996. DNA recovery from soils of diverse composition. Appl. Environ. Microbiol, 62; 316-322.

www.ingramcontent.com/pod-product-compliance
Lightning Source LLC
Chambersburg PA
CBHW021112210326
41598CB00017B/1418